十二五高等院校
艺术设计规划教材

After Effects CC

实例教程

（全彩版）

古城 喇平 编著

U0191268

人民邮电出版社

北京

图书在版编目（CIP）数据

After Effects CC实例教程：全彩版 / 古城，喇平编著. -- 北京：人民邮电出版社，2015.4（2022.9重印）
现代创意新思维·十二五高等院校艺术设计规划教材
ISBN 978-7-115-37367-0

Ⅰ. ①A… Ⅱ. ①古… ②喇… Ⅲ. ①图象处理软件—高等学校—教材 Ⅳ. ①TP391.41

中国版本图书馆CIP数据核字(2014)第280869号

内 容 提 要

本书是 Adobe After Effects 首次推出的简体中文版 After Effects CC 的初、中级教程，配有多个功能操作和实例制作，是作者多年的行业实践与新版软件结合的实例型教程。

全书分为上下两篇，各十个课程。上篇"合成操作"从介绍工作流程与 After Effects 基础操作开始，讲述基本的合成操作、关键帧动画、文本动画、形状动画、表达式及输出备份等内容；下篇"效果应用"介绍了多种常用效果应用，包括时间与速度制作、跟踪、稳定、调色、抠像等。本书通过理论的操作演示与实例的制作实践，帮助读者掌握 After Effects CC 实用技术，为视频的合成和特效制作扫除软件使用上的障碍。

本书可作为艺术设计、数字媒体、影视动画类相关专业和广大视频制作学习者的使用教程，同时也适合广大初学读者自学使用。

◆ 编　著　古 城　喇 平
　　责任编辑　桑 册
　　责任印制　杨林杰

◆ 人民邮电出版社出版发行　北京市丰台区成寿寺路 11 号
　　邮编　100164　电子邮件　315@ptpress.com.cn
　　网址　http://www.ptpress.com.cn
　　北京捷迅佳彩印刷有限公司印刷

◆ 开本：787×1092　1/16
　　印张：11.25　　　　　2015 年 4 月第 1 版
　　字数：255 千字　　　2022 年 9 月北京第 13 次印刷

定价：59.80 元（附光盘）

读者服务热线：(010)81055256　印装质量热线：(010)81055316
反盗版热线：(010)81055315

Preface

前言

Adobe After Effects是一款视频合成与特效制作软件，被称为"会动的Photoshop"，一直以来是国内在教学和实际制作中使用最为广泛的合成与特效制作软件，从高端的影视，到大众的多媒体、网络动画等领域都有大量的应用。本书为After Effects理论操作与实例制作相结合的学习教程。

1. After Effects的版本与使用区别

After Effects最早在1992年推出，至2005年升级至After Effects 7.0版本，之后与Adobe CS套装软件同步，于2007年以After Effects CS3的名称推出8.0的升级版，之后经历CS4、CS5、CS5.5、CS6，在2013年推出After Effects CC（12.0）版本。

（1）64位与32位软件有着性能和插件安装的区别

After Effects CS4版本及其之前为32位系统下的版本，After Effects CS5之后为64位系统下的版本。64位与32位的区别，简单来说需要安装在对应的系统平台下。64位对内存、CPU等硬件利用率高，在进行分辨率较高的合成制作、或者使用大量计算的功能和效果时，After Effects对较高的硬件配置和系统性能比较依赖。

After Effects安装的插件也需要对应64位和32位，两者之间互不兼容。早期众多32位的、且没有升级到64位的插件，在64位的软件上均无法安装使用。随着2010年推出64位版本的CS5之后，在这几年时间，已有众多主流、常用或新开发的插件支持64位的After Effects。此外，支持64位的插件安装时还需要其支持的对应版本。

（2）首次推出中文版本

以前的After Effects版本均为外语版本，国内绝大多数用户也一直使用英文版本的软件界面。官方首次发布简体中文版的After Effects CC后，国内大多用户的语言障碍得到解决，软件更加易学易用。虽然在中英文版本切换时部分表达式还有遗留问题，不过对于初学After Effects CC的用户来说，中文版本将使学习效率成倍提高。

（3）After Effects CC新版带来的新功能

新版本有部分新增功能，也有很多细节体验的提升和改善，例如增强的**3D** 摄像机跟踪器和变形稳定器 VFX 效果、CINEMA 4D整合等。新版改善了新技术的支持，并提高了整体的使用性能。

2. 本书内容和学习方法

本书是After Effects CC的初、中级教程，全书分为上下两篇，各10个课程。上篇主要介绍合成操作，下篇主要介绍效果应用。在这20个课时中，分别有设置众多知识点的理论操作部分，以及强化实践制作的实例部分。

上篇：合成操作（每课设有5节知识点讲解操作和1节实例制作）

第1课	After Effects简介及工作流程	第6课	文本动画
第2课	基本合成操作	第7课	形状图层
第3课	画面叠加方式	第8课	三维文字与Logo制作
第4课	关键帧动画	第9课	表达式
第5课	三维合成	第10课	输出与备份

下篇：效果应用（每课设有5节知识点讲解操作和1节实例制作）

第11课	效果应用	第16课	跟踪摄像机与变形稳定器
第12课	使用效果创建元素	第17课	跟踪运动
第13课	制作元素动态效果	第18课	抠像与Roto
第14课	调色效果	第19课	模拟效果
第15课	时间与速度	第20课	预设、脚本与插件

　　本书因篇幅有限，本着挑出重点、简明实用的原则，设置软件整体的知识点，初学者可以按课程排列进行学习。先学习上篇的"合成操作"，熟悉软件基本的合成方法和整体的功能操作，再学习下篇的"效果应用"，对制作中的专项效果与功能应用进一步了解和使用。每个课程先学习理论操作部分，再进行强化操作的实例制作。在制作实例遇到有难度的操作时，可以结合光盘的视频教程，以保证能够顺利完成。

3. 参编人员

　　本书由古城、喇平编著，在本书编写过程中，还要感谢包伟东、曹军、高宝瑞、胡娟、海宝、李业刚、李霞、刘兵、刘焰、刘焱、马呼和、米晓飞、时述伟、杨红、张东旭、赵立君、周芹和朱樱楠等人的参与和帮助。

4. 附录与光盘

　　附录：本书附录内容为After Effects CC精选的部分快捷键。在烦琐的操作设置过程中，快捷键的使用非常重要，初学时也可以通过快捷键来了解众多相关的知识点。

　　光盘：本书光盘内容包括20个课程对应的文件夹，其中有项目文件和素材文件，以及20个课程中的实例效果、实例视频讲解教程。

　　课程中多个知识点的操作内容集中在一个操作项目文件中，与实例项目文件一同放在对应的课程文件夹内。

　　操作与实例大多均为高清制作。

　　读者在学习时可以将光盘内容复制到计算机中，推荐将光盘文件全部存放到"D:\ AECC教程项目"文件夹中。

　　每一课的操作和实例文件均在对应的文件夹中，书中将不做重复提示。

　　由于作者水平有限，书中难免存在疏漏之处，敬请读者批评指正。

编者

2014年8月

目录
Contents

上篇 合成操作

目录
Contents

下篇 效果应用

After Effects 简介及工作流程

学习目标：

1. 了解After Effects（简称AE）软件的背景知识；

2. 什么情况下使用AE；

3. 使用AE CC所需软硬件环境；

4. AE CC使用前有哪些预设；

5. 使用AE进行制作有什么样的工作流程。

After Effects（简称AE）是Adobe公司出品的一款视频合成与特效制作软件。AE可以处理非常高端的视频特效，像《钢铁侠》、《幽灵骑士》、《加勒比海盗》、《绿灯侠》等大片都曾使用AE制作各种特效。AE也是目前在国内使用最为广泛的视频合成软件，其使用方法也已成为影视后期编辑人员必备的技能之一。本课将对AE进行初步的介绍和实例制作演示。

1.1　AE软件简介

2013年6月，Adobe公司推出AE的中文版本，即After Effects CC（简称AE CC），这也是AE首个官方简体中文语言版本。中文版的安装和使用，使AE的学习难度对于国内众多使用者来说大大降低，这也更有利于广大使用者更深入了解AE的功能和操作，提高视频合成与特效制作的整体水平。

AE首次推出的时间较早，1992年开发，1993年发布AE 1.0，期间经历多个版本的升级，2005年升级至AE 7.0版，2007年新版更名为AE CS3（同Adobe CS3套装软件一同发布，即8.0版），在经历CS4、CS5、CS5.5和CS6（即11.0版）几个CS品牌版本之后，2013年6月，Adobe 使用新的Adobe Creative Cloud——Adobe创意云产品，冠以CC品牌，将众多产品都更改了名称，包括：Photoshop CC、Illustrator CC、Premiere Pro CC等，同样，AE当前的版本更名为After Effects CC（即版本12.0），如图1-1所示。

图1-1

Adobe CC产品宣传设计图和 AE CC启动画面

1.2 AE与Photoshop及Premiere的异同

AE与Photoshop（简称PS）有着相似的图层处理方式与界面操作习惯，只不过PS以处理静态图像为主，而AE以处理动态视频为主，所以AE也被称为"会动的Photoshop"，两者区别显而易见。

同样作为视频处理的Premiere（简称Pr），与AE有着更多的相同点，在视频制作时需要根据制作目标来合理选择使用。这里先来看两个制作：一个是使用Premiere剪辑一个宣传片，另一个是使用AE制作一个片头动画，如图1-2所示。

AE是一款合成与特效制作软件，大多用来处理以秒为单位的精细片段加工、多元素合成和复杂特效制作；而Pr 是一款视音频剪辑软件，大多用来处理以分钟为单位的完整节目剪辑、多片段连接和简单特效处理。AE的工作是一种多效果、多层、纵向叠加的合成制作，预览通常需要先运算一遍才能播放最终效果；而Pr 的工作是一种较少效果、较少轨道、横向连接的剪辑制作，预览通常较少需要运算即可播放最终效果。AE通常可以单独制作一些复杂的片头、画面包装动画、特效文字动画等片段，然后使用Pr 将这些片段和其他素材一起制作成完整节目。

以前模拟的录像机、放像机等编辑设备向计算机的视频卡、采集软件、硬件编辑设备转变期间，模拟设备称为线性编辑方式，例如找看一盘磁盘中间部分的素材画面，需要从头到尾一条线

图1-2 After Effects和Premiere的操作界面

地播放去查看；计算机上的操作就相对简单，直接一步定位到查看时间即可，所以两种编辑方式又称"线性编辑"和"非线性编辑"，同属视频剪辑工作性质。以这个称谓，Pr就属于"非线性编辑"软件，而AE则偏重于视觉效果的合成与制作，属于影视合成与特效制作软件。所以，在处理视频制作时，如果要求非线剪辑通常选用Pr进行制作，AE则可以为其制作需要精致包装的部分片段。

1.3　AE CC安装要求

AE CC可以在Windows或Mac OS系统平台上使用，所需软硬件环境有如下要求。

Windows

- Intel® Core™2 Duo 或 AMD Phenom® II 处理器；要求 64 位支持
- Microsoft® Windows® 7 Service Pack 1 和 Windows® 8
- 4GB RAM（建议 8GB）
- 3GB 可用硬盘空间；安装过程中需要额外可用空间（无法安装在可移动闪存设备上）
- 用于磁盘缓存的额外磁盘空间（建议 10GB）
- 1280×900 显示器
- 支持 OpenGL 2.0 的系统
- QuickTime 功能所需的 QuickTime 7.6.6 软件
- 可选：Adobe 认证的 GPU 显卡，用于 GPU 加速的光线追踪 3D 渲染器

Mac OS

- 具有 64 位支持的多核 Intel 处理器
- Mac OS X 10.6.8、10.7 或 10.8
- 4GB RAM（建议 8GB）
- 4 GB 可用硬盘空间用于安装；安装过程中需要额外可用空间（无法安装在使用区分大小写的文件系统的卷上，也无法安装在可移动闪存设备上）
- 用于磁盘缓存的额外磁盘空间（建议 10GB）
- 1280×900 显示器
- 支持 OpenGL 2.0 的系统
- DVD-ROM 驱动器，用于从 DVD 介质进行安装
- QuickTime 功能所需的 QuickTime 7.6.6 软件
- 可选：Adobe 认证的 GPU 显卡，用于 GPU 加速的光线追踪 3D 渲染器

1.4　初始化预设操作

AE CC在安装完开始使用的时候，注意其有一些影响制作的预设选项，这里就针对国内PAL

制式和其他几个常用的选项进行操作说明。

1. 在"项目设置"中的预设

打开AE CC，选择菜单"文件—项目设置"命令，在打开的"项目设置"对话框中，将"时间显示样式"选择为"时间码"，将默认基准的30修改为25。因为默认的时间码基准按照美国NTSC制式设置的，而国内的电视和影像设备使用PAL制视频，所以改成25，即视频均以25帧每秒的帧速率为默认基准，如图1-3所示。

图1-3 在"项目设置"中将时间码基准改为25

2. 在"首选项"中的预设

（1）选择菜单"编辑—首选项—导入"命令，在打开的"首选项"对话框中，同样将"序列素材"由原来的"30帧/秒"修改为"25帧/秒"。

（2）选择显示"媒体和磁盘缓存"的内容，将"磁盘缓存"、"符合的媒体缓存"下的"数据库"和"缓存"默认在系统盘上的文件夹设置到系统盘之外。

（3）在"首选项"中选择显示"自动保存"的内容，将"自动保存项目"勾选上，如图1-4所示。

1-4 在"首选项"中预设

提示

当按住Ctrl+Shift+Alt键的同时，单击打开AE CC时，会提示"是否确实要删除您的首选项文件"，点击"确认"后，更改的预置都将恢复为默认。

TIPS

1.5　AE的工作流程

初学AE，在操作界面状态下，不像Photoshop那样打开一个图像就可以制作处理了，AE的工作还存在着一套工作流程。无论使用AE 为简单字幕制作动画、创建复杂运动图形，还是合成真实的视觉效果，通常都需遵循相同的基本工作流程，只不过有些步骤可以重复或跳过。工作流程分为以下几个步骤。

1. 导入和组织素材

启动AE后会以一个全新项目的状态存在，在"项目"面板中将素材导入该项目。通常AE可自动解释许多常用媒体格式，如果有与制作目标不一致的规格，例如每秒多少帧的帧速率、画面像素长和宽比例的像素比等，也可以手动更改以符合要求。

2. 创建合成

在一个"项目"中可创建一个或多个具有画面尺寸大小、像素比、帧速率、时间长度等规格参数的合成。所有的画面动画和效果制作都在合成中完成。合成可以有嵌套关系，每个合成都可以视需要最终输出为一段影片。

3. 在合成中放置叠加素材层或创建视觉元素层

任何素材都可以是合成中一个或多个图层的来源。可以在"时间轴"的某个"合成"面板中以图层的形式放置素材，进行二维或三维的叠加合成。可以使用蒙版、混合模式和抠像工具等手段将多个图层叠加合成到一个画面中；也可以使用形状图层、文本图层和绘画工具来创建自己的视觉元素。

4. 修改图层属性和为其制作动画

可以修改图层的任何属性，例如大小、位置、旋转和不透明度。可以使用关键帧和表达式使图层属性的任意组合随着时间的推移而发生变化；可使用运动跟踪、稳定运动或者为某个图层与另一个图层制作关联动画。

5. 添加效果并修改效果属性

可以为素材层添加一个或多个效果，改变素材的画面或音频，也可以使用效果生成视觉元素；可以使用数百种效果、动画预设，也可以创建并保存自己的动画预设。

6. 渲染和导出

可以将一个或多个合成添加到渲染队列中，选择需要的品质、指定使用的格式然后渲染创建影片。另外，在某些情况下可使用"文件—导出"或"合成"菜单，将结果导出到其他软件中使用。

1.6　AE CC的基本工作流程实例——触屏动画

这里进行一个实例的操作演示，内容是：使用一个手势背景、一个触屏元素前景、一段视频和一段音频素材文件，制作一个点击触屏、播放视音频画面的最终效果。通过实例操作，掌握AE CC基本工作流程，并了解部分AE CC的功能操作。效果如图1-5所示。

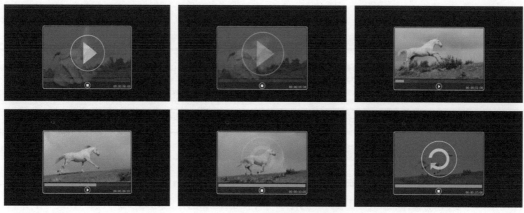

图1-5 实例效果

流程1 向"项目"中导入素材

启动AE，进入软件工作界面，这时是一个空的"项目"。在空白的"项目"面板中双击鼠标左键（或者选择菜单"文件—导入—文件"，快捷键为Ctrl+I键），打开"导入文件"对话框。在对话框中选择本书本章节文件夹，框选准备好的4个素材文件："点击手势.mov"、"触屏.mov"、"白马.mov"和"背景音乐01.wav"文件，单击"导入"按钮将本例所需的全部素材导入到"项目"面板中，如图1-6所示。

图1-6 导入素材

提示

本书对常用的菜单命令、工具、选择、查看、预览等操作都注明了对应的快捷键，可不要小看这些快捷键的使用，节省的时间积少成多，对提高制作效率很有益，读者要从事这个行业制作的话要多用快捷键。

TIPS

流程2 创建"合成"

（1）单击项目面板下的 按钮（即菜单"合成—新建合成"，快捷键为Ctrl+N键）打开

"合成设置"对话框，名称为默认的"合成 1"；将"预设"选为HDTV 1080 25，即国内PAL制式的高清尺寸；将"持续时间"设为14秒，单击"确定"按钮，在"项目"面板中新建了这个合成，并在"时间轴"面板中打开，如图1-7所示。

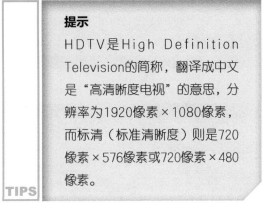

提示

HDTV是High Definition Television的简称，翻译成中文是"高清晰度电视"的意思，分辨率为1920像素×1080像素，而标清（标准清晰度）则是720像素×576像素或720像素×480像素。

图1-7 新建合成

（2）在制作中，可以随时保存"项目"文件，这里保存为"触屏动画完成版"，在电脑中显示的全名为"触屏动画完成版.aep"。"项目"文件也称为"工程"文件，管理着其中的所有素材、新建的"合成"及创建的"固态层"（包括"纯色、调整图层、空对象"）；而"合成"则是一个有着尺寸与长度的影片框架，里面放置的图层就是影片的内容。

流程3 在"合成"中放置素材层

从"项目"面板中将4个素材拖至时间轴中，按以下顺序放置，如图1-8所示。

图1-8 放置视频和音频

流程4 修改图层属性

（1）调整视频画面大小。选中"白马.mov"层，单击图层前面的展开层属性图标▶展开其下的"变换"，将"不透明度"设为30%，参照触屏屏幕的大小，将"白马.mov"层的"缩放"设置为（75，75%），如图1-9所示。

（2）使用蒙版遮挡视频。在工具栏中选中▣（矩形）工具，再选中"白马.mov"层，绘制一个在触屏屏幕范围内的矩形，同时在"白马.mov"层上将自动添加一个"蒙版"，如图1-10所示。

图1-9 缩小画面

图1-10 使用蒙版

（3）拆分图层。选中"白马.mov"层，在第2秒处按Ctrl+Shift+D键（菜单"编辑—拆分图层"）将图层拆分成前后两层；接着在第12秒处按Ctrl+Shift+D键将继续拆分图层，如图1-11所示。

图1-11 拆分图层

（4）定格画面。在第1秒24帧处，选择前面一段"白马.mov"层，选择菜单"图层—时间—冻结帧"；再将时间移至第12秒处，选择最后一段"白马.mov"层，选择菜单"图层—时间—冻结帧"。这样前后两段画面被定格静止，如图1-12所示。

图1-12 定格设置

（5）设置图层不透明度。选择三个"白马.mov"层，按T键显示其不透明度均为30%，将时间移至第2秒处，选择中间一段"白马.mov"层，单击打开"不透明度"前面的秒表，启用关键帧，数值为30%；将时间移至第2秒10帧处，将数值改为100%，这样画面恢复正常的不透明状态。再将时间移至第12秒处，选择最后一段"白马.mov"层，单击打开"不透明度"前面的秒表，启用关键帧，数值改为100%；将时间移至第12秒10帧处，将数值改为30%，即播放结束后画面再次变成半透明，如图1-13所示。

图1-13 设置不透明度动画

（6）设置音频的开始和结束位置。将时间移至第2秒处，选中"背景音乐01.wav"，按[键移动其入点到第2秒；再将时间移至第11秒24帧，按Alt+]键剪切出点。这样音乐从第2秒开始播放，到第12秒前停止，可以展开音频层下的"波形"查看音波，如图1-14所示。

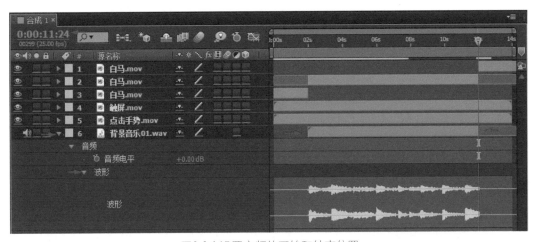

图1-14 设置音频的开始和结束位置

提示

可以按小键盘的小数点（即Del）键单独监听音频而不播放画面，也可以按小键盘的0键对视音频同时预览监听。

TIPS

流程5 添加效果

（1）创建纯色层。按Ctrl+Y键（菜单"图—新建—纯色"）打开"纯色设置"对话框，将名称设为"进度条"，使用白色，单击"确定"建立一个纯色层，如图1-15所示。

图1-15 按Ctrl+Y键建立纯色层并设置

（2）调整变换属性。选中"进度条"层，展开其"变换"属性，将"不透明度"设为50%。单击关闭"缩放"参数前的约束比例开关 ，对照原触屏画面中的进度条将"进度条"层的"缩放"设为（52，3.0%），"位置"设为（960，845），如图1-16所示。

图1-16 调整变换属性

（3）添加效果并设置动画。选中"进度条"层，选择菜单"效果—过渡—线性擦除"，为其添加一个"线性擦除"效果，可以在图层下展开"效果"，将"擦除角度"设为-90°，在第2秒处单击打开"过渡完成"前面的秒表启用关键帧，将数设为100%。将时间移至第11秒24帧处，将数值设为0%，如图1-17所示。

图1-17 添加效果动画

流程6 渲染输出及保存

（1）至此制作完成，按小键盘0键进行完整视频的实时预览查看，并根据需要渲染输出为文件或导出到其他软件中使用。这里将其输出为一个视频文件。选择菜单"合成—添加到渲染队列"命令（快捷键为Ctrl+M键），将当前合成添加到"渲染队列"面板中，可以更改为其他格式或使用默认设置，单击"渲染"按钮，开始渲染输出，如图1-18所示。

（2）最后保存好这个项目文件以备下次使用。

图1-18 渲染输出文件

1.7 小结与课后练习

通过本章介绍的AE近期版本命名方式，这样就能知道AE 7.0、AE CS6系列及AE CC哪个版本更新；然后介绍了AE与同类软件的区别，掌握AE CC的初始预设；最后重点学习AE CC的基本操作流程，并在制作动画实例的过程中了解AE CC的功能操作，这样对AE CC就有了更清晰的认识。

课后练习说明

实例中为播放白马的视频动画，按AE CC的基本操作流程，从导入素材开始到输出最终结果，重新制作一个播放其他视频画面的练习动画。

基本合成操作

学习目标：

1. 导入素材有哪几种方式；

2. 如何正确地导入序列图像、Alpha 通道、分层图像等素材；

3. 建立合成有哪些基本设置；

4. 如何调整和恢复软件界面的面板显示；

5. 了解合成中基本的图层属性和时间定位操作。

启动After Effects CC后，导入素材、建立合成、将素材放置到合成时间轴中就可以进行正式的合成制作，本课将对软件这些初步的操作进行介绍，并在最后进行一个基本合成操作的实例制作。

2.1 导入素材的方式

After Effects CC 有以下几种导入素材的方式。

（1）使用导入菜单命令。

可以选择菜单"文件"—"导入"—"文件"命令，打开导入文件窗口，然后选中文件导入到项目面板中。

也可以在项目面板空白处按鼠标右键，选择"导入"—"文件"命令。

对于近期曾导入过的素材，还可以选择菜单"文件"—"导入最近的素材"命令，或者在项目面板空白处按鼠标右键，选择"导入最近的素材"命令并在其下级选择已存在的素材名称。

（2）使用双击项目面板空白处的方法，也可以打开导入文件窗口。

（3）按Ctrl+I键，可以快速打开导入文件窗口。

（4）从软件外部也可以直接向After Effects软件中拖入素材，例如从Windows的资源管理器中，可以将选中的素材文件用鼠标直接拖至After Effects的项目面板中。

（5）使用另一个导入菜单"文件"—"导入"—"多个文件"（快捷键为Ctrl+Alt+I键），可以在不同文件夹中选择要导入的文件，单击"导入"按钮将素材添加到项目面板中，同时导入文件的窗口保持打开状态，可以继续从不同文件夹中选择素材文件，继续导入，直到单击"完成"按钮，关闭当前导入窗口，如图2-1所示。

（6）在打开的导入文件窗口中，选中文件夹后，可以单击"导入文件夹"，将文件夹及其中的素材全部导入到项目面板中。

图2-1导入文件和导入多个文件

2.2　导入不同类型的素材

1. 导入常规的素材

After Effects CC支持主流的用于制作的大多数视频、音频和图像文件格式，在导入文件窗口的文件格式下拉选项中，可以看到所支持的众多的文件格式，如图2-2所示。

2. 导入序列图像

一个普通的图像文件为静态的画面内容，在播放时连续显示同一画面。当有按一定序号命名的、大量连续的图像时，可以将每一个图像视作为动态视频中的1帧，以视频的形式导入到项目面板中。例如在导入文件窗口中打开"粒子"文件夹，其中包含有"粒子_00000.png"至"粒子

Adobe Dynamic Link (*.prproj)
Adobe Soundbooth (*.asnd)
After Effects 项目 (*.aep;*.aepx)
After Effects 项目模板 (*.aet)
AIFF (*.aif;*.aiff)
ARRI (*.ari)
Automatic Duck (*.xml;*.omf;*.aaf)
AVI (*.avi)
BMP (*.bmp;*.rle;*.dib)
Camera Raw (*.tif;*.crw;*.nef;*.raf;*.orf;*.mrw;*.dcr;*.mos;*.raw;*.pef;*.srf;*.dng;*.x3f;*...
CINEMA 4D Importer... (*.c4d)
DPX/Cineon (*.cin;*.dpx)
ElectricImage IMAGE (*.img;*.ei)
Flash 视频 (*.flv)
Form 2 OBJ Files (*.obj)
IFF (*.iff;*.tdi)
Illustrator/PDF/EPS (*.ai;*.pdf;*.eps;*.ai3;*.ai4;*.ai5;*.ai6;*.ai7;*.ai8;*.epsf;*.epsp)
JPEG (*.jpg;*.jpeg)
MAXON CINEMA 4D File... (*.c4d)
Maya 场景 (*.ma)
MP3 (*.mp3;*.mpeg;*.mpg;*.mpa;*.mpe)

MPEG (*.vob;*.m2v;*.m2p;*.mpa;*.mp2;*.m2a;*.mpeg;*.mod;*.mpe;*.mpg;*.mpv;*.m2...
MPEG 已优化 (*.mpeg;*.mpe;*.mpg;*.m2v;*.mpa;*.mp2;*.m2a;*.mpv;*.m2p;*.m2t;*.ts)
MXF (*.mxf)
OpenEXR (*.exr;*.sxr;*.mxr)
Photoshop (*.psd;*.psb)
PNG (*.png)
QuickTime (*.mov;*.3gp;*.3g2;*.mp4;*.m4v;*.m4a;*.qt;*.avi;*.dif;*.dv;*.flc;*.fli;*.gif;*.m1...
Radiance (*.hdr;*.rgbe;*.xyze)
RED (*.r3d)
RLA/RPF (*.rla;*.rpf)
SGI (*.sgi;*.bw;*.rgb)
Softimage PIC (*.pic)
SWF (*.swf)
Targa (*.tga;*.vda;*.icb;*.vst)
TIFF (*.tif;*.tiff)
WAV (*.wav;*.bwf)
Windows Media (*.wmv;*.wma;*.asf;*.asx)
直接显示 (*.avi)
所有素材文件 (*.prproj;*.asnd;*.aif;*.aiff;*.ari;*.avi;*.bmp;*.rle;*.dib;*.tif;*.crw;*.nef;*.raf;...
所有可接受的 (*.prproj;*.asnd;*.aep;*.aepx;*.aet;*.aif;*.aiff;*.ari;*.xml;*.omf;*.aaf;*.a...
所有文件

图2-2 可导入文件格式类型

_00249.png"，只需选中"粒子_00000.png"，勾选"PNG序列"选项，单击"导入"按钮，即可将其按动态的序列图像方式导入到项目面板中。如果不勾选"PNG序列"选项则导入为普通的一个静态图像，如图2-3所示。

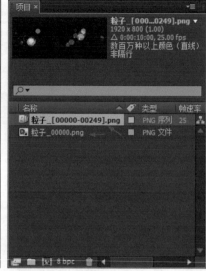

图2-3 导入图像序列

提示

导入动态的序列图像素材时，默认帧速率由菜单"编辑—首选项—导入"中的"序列素材"处预设，例如PAL制式的制作为25帧/秒。

TIPS

3. 导入Alpha通道文件

有些图像或视频文件具有透明背景的Alpha通道，当Alpha通道未标记类型时，在导入时会弹出"解释素材"对话框的提示，此时可以单击"猜测"按钮让软件进行检测，然后单击"确定"按钮将图像导入到项目面板中，这样在使用中即可得到一个具有透明背景的图像，如图2-4所示。

图2-4 解释Alpha通道类型

4. 导入分层图像

图像文件中还有一种常用的分层格式文件，例如常见的Photoshop的PSD分层文件，在一个图像中包括多个图层，在导入时会弹出分层选项对话框，其中有如下几种不同的选项和导入结果。

（1）当"导入种类"选择为"素材"，其下又有两种"图层选项"，一种为"合并的图层"，即将分层图像合并，按普通的图像导入；另一种为"选择图层"，即从中选择某一图层导入，如图2-5所示。

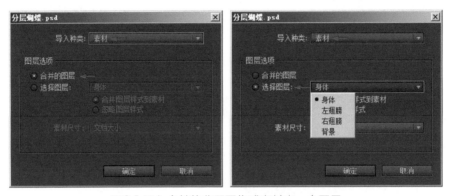

图2-5 导入合并的分层图像或者其中一个图层

（2）当"导入种类"选择为"合成"时，保留图像中的各个分层，将其按统一的文件大小导入到项目面板中，如图2-6所示。

图2-6 按合成方式导入分层图像

（3）当"导入种类"选择为"合成 – 保持图层大小"时，保留图像中的各个分层，将其按各层中内容实际大小导入到项目面板中，如图2-7所示。

5. 导入其他After Effects项目文件

对于同类的其他After Effects项目文件，也可以导入到项目面板中，例如这里导入前一课程中制作的项目文件"触屏动画完成版.aep"，可以看到导入到项目面板时，自动建立一个同名文件夹，其下包含原项目相同的合成和素材，如图2-8所示。

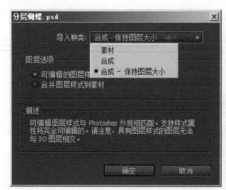

图2-7 按合成和保持图层大小的方式导入分层图像

图2-8 导入同类软件项目

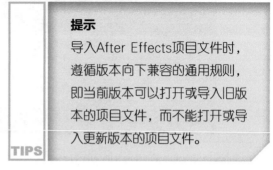

提示

导入After Effects项目文件时，遵循版本向下兼容的通用规则，即当前版本可以打开或导入旧版本的项目文件，而不能打开或导入更新版本的项目文件。

6. 导入Premiere Pro链接

After Effects还可以导入有着紧密制作关系的视频剪辑软件Adobe Premiere Pro项目文件中的序列，将剪辑结果导入到After Effects的项目面板中。同样，在Adobe Premiere Pro中也可以导入After Effects项目中的合成，将合成结果导入到Adobe Premiere Pro的项目面板中。这样方便两个软件的联合制作。

导入时可以使用常规的导入文件方式，也可以使用菜单"文件"—Adobe Dynamic Link—"导入Premiere Pro序列"，导入后可以及时得到Premiere Pro中的修改更新。例如这里导入一个Premiere Pro项目文件"字幕的编排.prproj"中的"字幕版式"序列，将其视作一个视频素材导入到项目面板中。

在实际应用中，可以发挥Premiere Pro的视频剪辑优势和After Effects的效果合成优势，进行联合制作，例如这里可以在After Effects中进一步为其中的文字制作更加丰富的文字动画，如图2-9所示。

2.3 建立合成

选择菜单"合成"—"新建合成"命令，或者在项目面板空白处按鼠标右键，选择弹出菜单中的"新建合成"命令，单击项目面板下部的"新建合成"按钮，或者按Ctrl+N键，这样都可以

图2-9 导入Premiere pro序列

打开"合成设置"对话框建立合成。

　　通常在"合成设置"对话框中主要设置"合成名称"、"预设"和"持续时间"这三项，其中预设中有众多选项，按菜单分割区域分别为自定义类、Web制作类、标清（标准清晰度电视）制作类、高清（准高清和高清晰度电视）制作类、以及电影胶片制作类几项预设。

　　国内的电视为每秒25帧的PAL制式制作，在制作中注意选择适合的预设。国内电视制作中，标清的制作通常选择PAL D1/DV制式，高清的制作通常选择HDTV 1080 25，如图2-10所示。

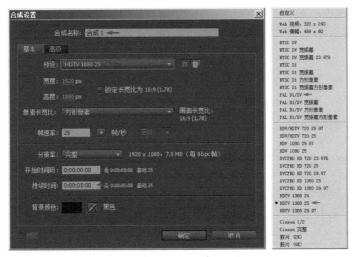

图2-10 合成设置

提示

将素材拖至新建按钮上释放可以直接建立合成，这样可以按素材的大小、帧速率或像素比等属性建立对应的合成。

17

2.4 软件界面的主要面板

1. 界面中的主要面板

　　软件的操作界面中有多个面板，其中有三个主要的面板：项目面板、时间轴面板和合成视图面板。例如可关闭其他的面板，仅显示这三个面板，此外还保留了顶部的工具栏，如图2-11所示。

图2-11 界面主要面板

2. 查看所有面板

　　（1）查看面板。在顶部工具栏右侧的"工作区"后选择"所有面板"，则显示出其他众多的面板，如图2-12所示。

图2-12 界面主显示所有面板

　　（2）选择和恢复布局。工作区中预设了几种常用的面板布局，以不同的面板布局方便进行对应的制作。常规制作时可以选择"标准"的布局，如果变动了"标准"布局中的面板排放，还可以选择重置"标准"来还原到默认的工作区布局状态，如图2-13所示。

图2-13 重置默认的界面布局

2.5　图层属性与时间定位操作

1. 查看图层变换属性

（1）添加素材到合成的时间轴。导入到项目面板中的素材，可以使用鼠标拖至合成的时间轴中，或者按Ctrl+/键添加到合成的时间轴中。

（2）查看时间轴面板。在时间轴面板左侧为属性栏列，右侧为时间标尺与图层范围。

（3）查看时间轴面板的图层属性。选中图层，单击左侧的小三角形图标，可以展开图层下面的属性，例如"变换"属性。再次单击"变换"左侧的小三角形图标，可以展开图层下面的变换属性，这也是制作中经常进行设置操作的属性参数。

（4）显示变换属性的快捷键。图层的这几个"变换"属性分别有对应的显示快捷键，可以不通过展开图层的操作，直接按快捷键显示出对应的属性，即按对应的快捷键单独显示出图层下的这一项属性，再次按相同的快捷键隐藏其显示。快捷键分别如下。

锚点：A键；位置：P键；缩放：S键；旋转：R键；不透明度：T键。

（5）也可以在显示一项属性的基础上，按住Shift键加上对应的快捷键增加显示另一项属性。例如按P键在当前图层下显示一个位置属性，再按Shift+S键则会在当前图层下显示位置和缩放两个属性，如图2-14所示。

2. 移动图层到指定时间

在时间轴右侧的时间标尺下，各个图层所处的时间范围由其图层的入点和出点来确定，其中又分移动图层到某时间位置和剪切图层到某时间位置的区别。

（1）将图层整体移至某时间位置的方法是：先用鼠标在时间标尺上将时间指示器拖至目标

图2-14 图层变换属性的显示操作

时间位置，例如第1秒，然后在拖动图层的同时按住Shift键，可以轻易将图层的入点吸附到第1秒处的时间指示器位置。

（2）也可以直接按 [键，将选中图层的入点移至时间指示器位置，而不用拖动图层，如图2-15所示。

（3）同样，使用拖动图层，或者按] 键，可以将选中图层的出点移至时间指示器位置。

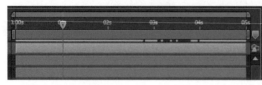

图2-15 移动图层的入点

3. 剪切图层到指定时间

（1）将图层的入点或出点进行剪切的方法是：将鼠标移至图层的一端，鼠标指针变化为左右指向时，按下鼠标左键并拖动图层的入点或出点，即可剪切调整图层的入点或出点时间位置。

（2）也可以先确定时间指示器位置，选中图层按Alt+ [键，按时间指示器位置剪切入点，或者按Alt+] 键剪切出点，如图2-16所示。

图2-16 剪切图层的入点和出点

4. 移动时间指示器的快捷操作

按I键和O键则快速将时间指示器定位到选中图层的入点或出点位置。

按Page Up键和Page Down键，可将时间指示器向左或向右移动1帧的时间。

按住Shift +Page Up键或Shift +Page Down键，则移动10帧的时间。

按Home键或End键则将时间移至合成时间轴的开始位置或结束位置。

2.6 实例：素材合成——倒计时

本例使用5个数字图片合成制作倒计时的效果，其中的动画为前一个画面在一秒的时长中，以旋转擦除的方式过渡到下一个画面。设置好第一个数字动画之后，就可以使用复制的方法快速完成剩余的制作。实例效果如图2-17所示。

图2-17 实例效果

步骤 1 **新建项目和导入素材**

（1）在After Effects CC中新建项目。

（2）按Ctrl+I键打开导入素材窗口，导入本章对应文件夹中的素材文件，包括图像文件和音频文件，如图2-18所示。

图2-18 实例素材

步骤2 新建合成和放置素材

（1）新建合成。按Ctrl+N键新建合成，在打开的"合成设置"对话框中，选择合成的"预设"为HDTV 1080 25，即国内PAL制式的高清尺寸；将"持续时间"设为5秒，单击"确定"按钮，在项目面板中新建这个合成，并在时间轴面板中打开。

（2）按顺序列放置素材。在项目面板中，先选中"计时5.jpg"素材，再按下Shift键不放，单击"计时1.jpg"，即按倒序选中这5个图像素材，然后释放Shift键，将这5个素材一同拖至时间轴中。这样，放置的5个图层中，"计时5.jpg"在最顶层，"计时1.jpg"在最底层，如图2-19所示。

图2-19 放置素材到合成时间轴面板

步骤3 设置第一个数字动画

（1）选中顶部的"计时5.jpg"层，选择菜单"效果"—"过渡"—"径向擦除"，为其添加一个效果。

（2）在时间轴中展开所添加的效果，进行关键帧设置。将时间移至第0帧处，单击打开"过渡完成"前面的秒表，开启关键帧记录。

（3）将时间移至第1秒处，将"过渡完成"设为100%，如图2-20所示。

图2-20 添加关键帧

（4）按小键盘的0键，查看动画效果，如图2-21所示。

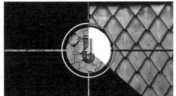

图2-21 预览动画效果

步骤4 设置其他数字动画

（1）设置完一个数字的动画之后，其他的数字图像依次在1秒之后，也设置相同的动画关键帧，这里使用复制的方法。单击"计时5.jpg"层设置好关键帧的"径向擦除"效果名称，将效果选中，按Ctrl+C键复制。

（2）在第1秒处选中"计时4.jpg"，按Ctrl+V键粘贴。

（3）同样，在第2秒和第3秒的位置，依次选中"计时3.jpg"和"计时2.jpg"层，按Ctrl+V键粘贴，如图2-22所示。

图2-22 设置其他图层的关键帧

步骤5 添加声效

（1）从项目面板中将"嘟.wav"向时间轴拖放，放置4份，位于0至4秒之间的位置。

（2）从项目面板中将"嘀.wav"向时间轴拖放，位于第4至5秒的位置，如图2-23所示。

图2-23 添加声效

2.7　小结与课后练习

　　本课分别讲解了导入素材的各种方式，导入各类素材时的对应设置选项，包括序列图像、Alpha通道文件及分层图像，然后了解建立合成的主要设置、软件界面中面板的基本操作、图层属性的显示操作及时间轴中图层的入、出点操作。了解这些操作之后，就可以进行基本的合成尝试了。

> **课后练习说明**
>
> 　　根据实例中的倒计时动画制作方法，重新设计制作几张倒计时图片，合成图片和声效素材，制作新的倒计时动画。

画面叠加方式

1. 如何在视图面板调整查看状态；
2. 简单画中画叠加的设置操作；
3. 使用图层模式叠加画面的方法；
4. 使用轨道遮罩叠加画面的方法；
5. 为画面添加蒙版的方法。

带有透明通道的图像与视频可以方便地进行多层叠加合成，普通的视频素材放置到合成的时间轴中，上层会遮挡下层的画面，简单地通过缩小上层的大小可以显示出下层的画面，也可以通过图层模式、轨道遮罩或建立蒙版的方法，制作多层画面在同一屏幕中显示的合成效果。

3.1　视图面板中的操作

1. 视图百分比

"合成视图"面板中显示素材或合成制作的结果，可以在面板下部选择显示大小的百分比，选择"适合"时，将根据视图面板的大小自动适配显示大小的百分比。

2. 视图分辨率

显示分辨率则有"完整"（完全分辨率）、"二分之一"、"三分之一"、"四分之一"及"自定义"（可设置最低的分辨率）几种质量分辨等级，在复杂的效果中低分辨可以更快地显示结果，当选择"自动"时，将根据视图面板的大小自动适配显示分辨率的等级，例如达到100%的显示百分比后，将自动以"完整"分辨率显示，而在25%的显示百分比时自动以"四分之一"分辨率显示，在25%至33.3%之间时则按"三分之一"分辨率显示。

3. 合成、图层与素材视图

除了"合成视图"面板，当双击时间轴中的图层，将在合成视图面板处新打开一个"图层视图"面板，例如这里的"图层：图C.jpg"视图，在这里将显示图层原始的效果，并可以方便地进行蒙版或笔刷的绘制等操作。另外在项目面板中双击某一个素材也会新打开一个"素材视图"面板，用来显示查看未经任何处理的原素材效果，如图3-1所示。

图3-1 视图面板操作

3.2 叠加方式一：设置画中画

普通素材的合成时，有时采用设置较小的上层画面，以便将多个画面合成显示在同一屏幕中，其中缩小的画面通常称作画中画。这里在建立一个合成，打开其时间轴，将背景及三个图像放置到时间轴中，背景位于底层，三个图像分别调整了大小及位置。

在操作设置画面时，可以在合成视图中使用鼠标直接拖动画面的边角，调整其大小，或者选中画面拖移改变其位置；也可以在时间轴中选中三个图像层，按P键展开"位置"属性，再按Shift+S键增加显示"缩放"，在其属性数值上，使用鼠标左右拖动，改变其数值，或者单击数值切换其为填写状态直接输入精确的数值，如图3-2所示。

图3-2 设置画中画叠加

3.3 叠加方式二：图层的模式

有些情况下图像并不适合缩小处理，当进行叠加合成时，另一种方法是使用软件提供的众多类型的图层模式。例如这里在合成时间轴中放置背景和图像层，确认时间轴面板左下处的展开或折叠"转换控制"窗格开关处于打开状态，这样在时间轴面板显示有图层的"模式"栏列，将上面图层的模式栏由"正常"更改为"相加"，这样，上面图像与下面的背景进行了混合相加的效果，如图3-3所示。

图3-3 设置图层模式叠加

提示

选中图层按Ctrl+Alt+F键可以自动缩放到适合显示的大小。例如这里的图像层，使用这个快捷键后缩放数值自动改变，使原来过大或过小的图像正好满屏显示。

3.4　叠加方式三：轨道遮罩

在时间轴中也提供了一种上层图形作为下层画面遮罩的显示方法，遮罩图像可以是带透明通道的图像，也可以是黑白图像，将黑色或白色部分作为遮罩来显示画面。例如这里准备了这两个类型的图像"黑白笔刷.png"和"透明背景块.png"来作为遮罩层，如图3-4所示。

图3-4 图像素材

1. 使用亮度遮罩

（1）新建一个合成，这里名为"3.4轨道遮罩"，选择菜单"图层"—"新建"—"纯色"，或者在时间轴空白处按鼠标右键并选择菜单"新建"—"纯色"，或者按Ctrl+Y键，这样都可以建立纯色层。这里建立一个白色的纯色层，放置在时间轴底层，作为背景。

（2）将"图C.jpg"和"黑白笔刷.png"放置到时间轴中，"黑白笔刷.png"放在上层。

（3）在"图C.jpg"层的TrkMat栏（操作中会转变显示为"轨道遮罩"栏）单击下拉选项，默认为"没有轨道遮罩"选项，其中另有Alpha和亮度遮罩及其反转遮罩选项。这里选择亮度反转遮罩"黑白笔刷.png"，在图层栏列中以L.Inv显示，同时上面遮罩层自动关闭左侧的显示开关。在合成视图中"图C.jpg"的画面以"黑白笔刷.png"的黑色部分局部显示，如图3-5所示。

图3-5 亮度反转遮罩

2. 使用Alpha遮罩

（1）在项目面板中选中上一合成，按Ctrl+D键创建一个副本，名为"3.4轨道遮罩 2"，删除上面两个图层，保留白色的纯色层。

（2）重新从项目面板中将"图C.jpg"和"透明背景块.png"拖至时间轴中。

（3）将"图C.jpg"层的"轨道遮罩"栏选择为Alpha 遮罩"透明背景块.png"，可以看到合成视图中"图C.jpg"的画面以"透明背景块.png"的图像范围来局部显示。可以对这两个图层的位置和缩放进行适当的调整，得到合适的局部显示结果，如图3-6所示。

图3-6 Alpha遮罩

3.5 叠加方式四：蒙版

为素材图像建立蒙版显示其局部画面，是After Effects合成制作中一种常用的方法。蒙版路径可以由工具栏中的形状工具或者钢笔工具绘制。

（1）这里为图像建立一个椭圆形的蒙版，这样仅显示蒙版中的画面，如图3-7所示。

图3-7 建立蒙版

（2）可以在蒙版前的色块上单击更改其颜色，自定义一个与背景或图像反差较大的颜色，这样更清晰地查看蒙版路径。

（3）通过调整"蒙版扩展"可以扩展或收缩蒙版的范围，通过调整"蒙版羽化"可以得到羽化的显示边缘，如图3-8所示。

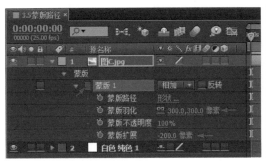

图3-8 调整蒙版边缘

提示

在合成视图中如果没有显示路径，请检查蒙版图层是否处于选中的状态，或者视图面板下部时码左侧的"切换蒙版和形状路径可见性"开关是否处于打开的状态。

3.6 实例：图层合成实例——画面叠加

本例使用本课学习的多种叠加方法合成素材，制作一种常见的画面包装效果，在屏幕中同时叠加多个素材画面，其中包括动态背景、蒙版画面、小画中画及前景装饰元素，并在几组画面之间添加过渡的光效动画。实例效果如图3-9所示。

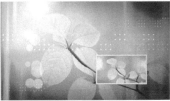

图3-9 实例效果

步骤1 新建项目和导入素材

（1）在After Effects CC中新建项目。

（2）按Ctrl+I键打开导入素材窗口，导入本章对应文件夹中的素材文件。包括视频文件、音频文件、图像文件，以及文件夹中的图像序列文件，如图3-10所示。

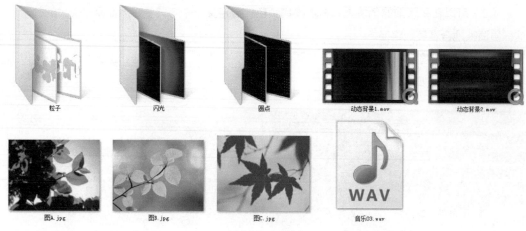

图3-10 实素材

步骤2 **建立三个统一尺寸的画面合成**

（1）新建合成。按Ctrl+N键新建合成，在打开的"合成设置"对话框中，将"合成名称"设为"画面01"，选择合成的"预设"为HDTV 1080 25，即国内PAL制式的高清尺寸；将"持续时间"设为10秒，单击"确定"按钮，在项目面板中新建这个合成，并在时间轴面板中打开，如图3-11所示。

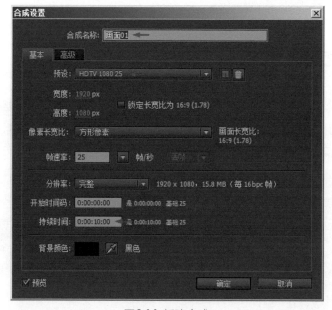

图3-11 新建合成

（2）从项目面板中将"图A.jpg"拖至时间轴中，调整其大小，并在开始和结尾设置两个"位置"关键帧，制作向左侧慢慢移动的效果，"位置"的前一个关键帧为（700，750），后一个关键帧为（600，750），如图3-12所示。

图3-12 放置图像并设置动画

（3）建立同样设置的合成"画面02"，从项目面板中将"图B.jpg"拖至时间轴中，调整其大小，并在开始和结尾设置两个"位置"关键帧，制作向下慢慢移动的效果，"位置"的前一个关键帧为（950，600），后一个关键帧为（950，750），如图3-13所示。

图3-13 建立合成并放置图像

（4）建立同样设置的合成"画面03"，从项目面板中将"图C.jpg"拖至时间轴中，调整其大小，并在开始和结尾设置两个"缩放"关键帧，制作慢慢缩小的效果，"缩放"的前一个关键帧为（75，75%），后一个关键帧为（55，55%），如图3-14所示。

图3-14 建立合成并放置图像

步骤3 **建立"画面叠加01"合成**

（1）新建合成。按Ctrl+N键新建合成，在打开的"合成设置"对话框中，将"合成名称"设为"画面叠加01"，选择合成的"预设"为HDTV 1080 25，即国内PAL制式的高清尺寸；将"持续时间"设为10秒，单击"确定"按钮，在项目面板中新建这个合成，并在时间轴面板中打开。

（2）从项目面板将"动态背景1.mov"拖至时间轴，再将"圆点_[0000-0249].jpg"序列图像向时间轴中放置3份，分别添加蒙版，设置"蒙版羽化"，并调整其"缩放"、"位置"，如图3-15所示。

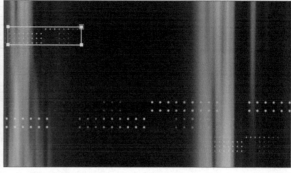

图3-15 建立合成并设置背景元素

（3）从项目面板中将"画面01"拖至时间轴上层，保持选中状态，双击工具栏的椭圆工具，在其上建立一个大的椭圆形蒙版，并调整"蒙版羽化"，如图3-16所示。

图3-16 添加画面与蒙版

（4）从项目面板中将"画面01"再次拖至时间轴上层，调整"缩放"和"位置"，并在开始和结尾设置两个"位置"关键帧，制作向左侧慢慢移动的效果，"位置"的前一个关键帧为（600，750），后一个关键帧为（450，750）。保持选中状态，双击工具栏的矩形工具，在其上建立一个大的矩形蒙版。然后选择菜单"效果"—"生成"—"描边"，添加效果并设置"颜色"为RGB（220，220，200），如图3-17所示。

图3-17 添加画中画并设置效果

（5）从项目面板中将"粒子_[00000-00249].png"拖至时间轴上层，设置为"叠加"图层模式，调整"旋转"、"缩放"和"位置"，如图3-18所示。

图3-18 添加前景素材

（6）按Ctrl+Y键建立一个黑色的纯色层，放置在顶层，选择菜单"效果"—"生成"—"镜头光晕"，设置为"相加"模式，调整"光晕中心"、"光晕亮度"和"镜头类型"，如图3-19所示。

图3-19 添加光晕效果

步骤 4 **建立"画面叠加02"和"画面叠加03"合成**

（1）在项目面板中，选中"画面叠加01"，按Ctrl+D键两次，创建副本"画面叠加02"和"画面叠加03"。

（2）打开"画面叠加02"时间轴，选中两个"画面01"层，按住Alt键不放，从项目面板中将"画面02"拖至其上释放，将其替换。然后调整"圆点_[0000-0249].jpg"和"粒子_[00000-

00249].png"的"位置"，调整纯色层的"光晕中心"，如图3-20所示。

（3）打开"画面叠加03"时间轴，选中"动态背景1.mov"层，按住Alt键不放，从项目面板中将"动态背景2.mov"拖至其上释放，将其替换。选中两个"画面01"层，按住Alt键不放，从项目面板中将"画面03"拖至其上释放，将其替换。然后调整"圆点_[0000-0249].jpg"和"粒子_[00000-00249].png"的"位置"，调整纯色层的"光晕中心"，如图3-21所示。

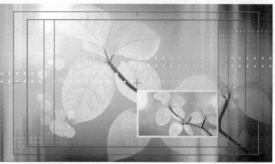

图3-20 修改设置副本合成

图3-21 修改设置副本合成

步骤5 **建立"画面叠加最终效果"合成**

（1）新建合成。按Ctrl+N键新建合成，在打开的"合成设置"对话框中，将"合成名称"设为"画面叠加最终效果"，选择合成的"预设"为HDTV 1080 25，即国内PAL制式的高清尺寸；将"持续时间"设为30秒，单击"确定"按钮，在项目面板中新建这个合成，并在时间轴面板中打开。

（2）从项目面板将"画面叠加01"、"画面叠加02"和"画面叠加03"拖至时间轴，前后连接，将"音乐03.wav"拖至时间轴中，如图3-22所示。

（3）从项目面板将"闪光_[0015-0049].jpg"拖至时间轴中，素材为闪光亮起至白屏再消失的效果。将其保持选中状态，在白屏的时间位置按小键盘的*号键，在图层上添加一个标记点。将图层移至两个画面连接的位置，并使标记点对齐到连接处，如图3-23所示。

（4）播放查看效果，前一画面以闪光的效果进行过渡到后一画面，如图3-24所示。

图3-22 建立总合成并放置画面和音乐

图3-23 添加和对齐闪光效果

图3-24 查看闪光效果

（5）选中"闪光_[0015-0049].jpg"层，按Ctrl+D键复制一层，放置到后两个画面的连接处，这样完成本例的制作，如图3-25所示。

图3-25 复制闪光效果

3.7　小结与课后练习

　　本课学习画面的合成叠加方式，先了解视图面板中的显示操作，然后分别使用几种不同的叠加方式合成画面，包括设置画中画、使用图层模式、使用轨道遮罩以及图层添加蒙版。这样，针对不同的图层对象，可以使用不同的方法进行画面合成。

> **课** 后练习说明
>
> 　　使用不同的素材，在时间轴中进行画面合成的制作，并分别使用本课中所学的几种画面叠加方式，进一步掌握各种叠加方式的使用。

关键帧动画

关键帧用于设置动作、效果等属性的参数，使其数值随时间而发生变化，这样使对象产生动画效果。在设置变化的属性参数中，不需要在每个时间位置改变参数值，而是在关键的时间位置改变数值，之间的数值将可以通过计算产生。

4.1 关键帧的基本操作

1. 开启和添加关键帧

（1）单击打开秒表，启用关键帧，同时在当前时间位置添加一个关键帧。

（2）移动时间到新的位置，单击"添加或移除关键帧"按钮，添加关键帧，再次单击则移除当前时间关键帧，如图4-1所示。

（3）开启秒表后，也可以在新时间位置直接变动数值来添加新的关键帧，如图4-2所示。

2. 选择、移动和删除关键帧

（1）选择关键帧。

使用鼠标在关键帧上单击，将其转变为高亮状态，可以将其选中。

可以使用鼠标框选多个关键帧。

图4-1 打开秒表启用关键帧和添加新的关键帧

图4-2 改变数值时自动添加关键帧

可以按住Shift键单击和选中多个关键帧。

可以双击属性名称，将其关键帧全部选中。

（2）移动关键帧。

选中一个或多个关键帧向左或向右拖动，可以移动关键的时间位置。

精确移动关键帧到某一时间位置，可以先将时间指示器定位到某时间，再按住Shift键的同时将关键帧移至时间指示器位置，将关键帧吸附到时间指示器。

（3）删除关键帧。

用鼠标选中关键帧，按删除键即可。如果再次单击秒表将其关闭，则取消当前属性的所有关键帧。

3. 复制关键帧

（1）选中1个或多个关键帧，按Ctrl+C键复制，然后确定时间指示器的位置，并保持当前图层的选中状态，按Ctrl+V键可以粘贴当前属性的关键帧。

（2）可以在不同图层的同一属性复制和粘贴关键帧。例如将一个图层的"位置"关键帧粘贴到另一个图层的"位置"属性，只需要选中前一图层的关键帧复制，再选中后一图层粘贴即可。

（3）对于同维度属性中的关键帧，也可以相互粘贴关键帧。例如"锚点"与"位置"都是具有x和y两个数值的二维属性，两者的关键帧可以相互复制和粘贴；"旋转"与"不透明度"具有一个数值的一维属性，两者的关键帧也可以相互复制和粘贴。按Ctrl+C键复制下不同维度的关键帧，在粘贴时需要选中目标属性后再按Ctrl+V键粘贴。

4.2 空间插值关键帧

1. 曲线路径

（1）新建一个合成，建立纯色背景。

（2）建立一个白色的纯色层，选中白色纯色层，双击工具栏中的椭圆形工具按钮在其上添加一个椭圆蒙版，并调整图层的"缩放"与"不透明度"。

（3）为了防止下一步操作中误移动这两个纯色层，这里使用锁定开关将图层锁定。

（4）将"图A.jpg"放置到时间轴，调整"缩放"使其缩小。

（5）在第0帧单击"位置"前面的秒表开启关键帧，参照下层椭圆形状的边缘，第0帧处图像移至左侧，第2秒处图像移至右侧，然后在第1秒处将图像向上移动，如图4-3所示。

（6）在关键帧上按鼠标右键选择弹出菜单中的"关键帧插值"，打开"关键帧插值"对话框，可以查看"空间插值"当前的类型为"连续贝赛尔曲线"类型，查看后关闭"关键帧插值"对话框。

 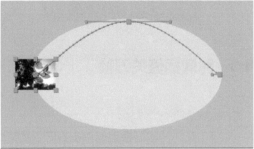

图4-3 设置位移关键帧动画

（7）通过用鼠标在视图中调整关键帧锚点的曲线形状手柄来调整路径的弯曲形状，如图4-4所示。

 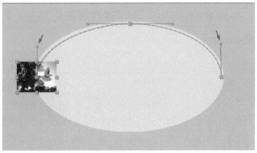

图4-4 查看空间插值类型及调整关键帧路径形状

2. 直线路径

在关键帧上按鼠标右键选择弹出菜单中的"关键帧插值"，打开"关键帧插值"对话框，选择"空间插值"为"线性"类型，然后关闭"关键帧插值"对话框。这样将关键帧路径的形状改为为直线的形状，如图4-5所示。

提示

在工具栏中的钢笔工具按钮组中选择"转换顶点"工具，在关键帧路径的锚点处单击，也可以切换直线和曲线的形状。

 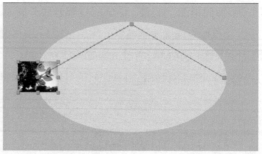

图4-5 转换为线性的路径方式

4.3 时间插值关键帧

1. 查看关键帧的速度曲线

（1）在时间轴面板上部单击打开"图表编辑器"按钮，切换时间轴图层模式为图表编辑模式。

（2）单击下部的"选择图表类型和选项"按钮，在弹出菜单中确认选中"编辑速度图表"。

（3）选中关键帧属性或者打开秒表与属性之间的"将此属性包括在图表编辑器集中"按钮，显示关键帧的速率线，水平直线表示为均速的关键帧动画，关键帧之间使用相同速度的插值，如图4-6所示。

图4-6 查看关键帧曲线

2. 调整关键帧的速度曲线

（1）接着上面的操作，选中后一关键帧，单击右下部的"缓入"按钮，关键帧之间的速度变化为逐渐降低到0的插值方式，如图4-7所示。

（2）可以调整两个关键帧之间的速度变化方式，例如将速度从开始快速递减，并在结束位置缓慢降至0，如图4-8所示。

（3）选中两个关键帧，单击下部的"缓动"按钮，关键帧的插值方式改变为从0递增然后再递减至0的方式。在关键帧上按鼠标右键选择弹出菜单中的"关键帧插值"，打开"关键帧插值"对话框，可以看到"临时插值"为"贝塞尔曲线"类型，如图4-9所示。

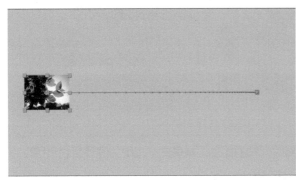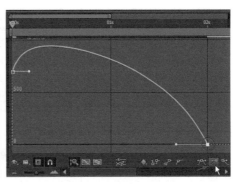

图4-7 设置缓入关键帧

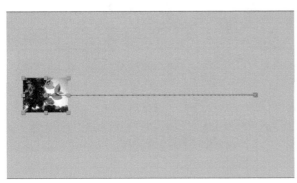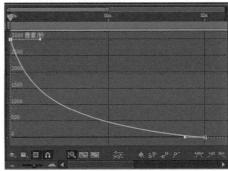

图4-8 调整关键帧之间的速度曲线

图4-9 设置缓动关键帧

3. 不同关键帧的形状和曲线

（1）将打开的"图表编辑器"按钮关闭，切换到时间轴的图层模式。关键帧通过不同的形状来表示其不同的时间插值类型，例如以下第1个关键帧为常规的"线性"；第2个关键帧左侧为线性、右侧为贝塞尔曲线；第3个关键帧左侧为贝塞尔曲线、右侧为线性；第4个关键帧为贝塞尔曲线；第5个关键帧为自动贝塞尔曲线；第6个关键帧左侧为线性、右侧为定格；第7个关键帧前后均为定格的插值方式，如图4-10所示。

图4-10不同类型关键帧的形状

（2）打开"图表编辑器"按钮，切换到时间轴的图表编辑模式，选中关键帧属性，可以查看这些关键帧之间速度曲线的变化方式，如图4-11所示。

图4-11 查看不同类型关键帧之间的曲线

4.4 漂浮关键帧

1. 转变漂浮关键帧

先设置多个位置关键帧，通常手动设置中，各个关键帧之间的速度会忽快忽慢，如图4-12所示。

图4-12 关键帧及路径

提示

关键帧路径上的连续的小点代表连续各帧时间图像所在的位置，点之间的间距相同为匀速，间距有小有大时，较大的时速较快。

TIPS

选择前后两个关键帧中间的全部关键帧，在其上按鼠标右键选择弹出菜单中的"关键帧插值"，打开"关键帧插值"对话框，将"漂浮"设为"漂浮穿梭时间"类型。这样中间关键帧将自动根据前后两个关键帧的时间和位置，计算出新的时间位置，同时关键帧的形状发生变化，其时间位置"漂浮"于前后两个关键帧之间，随前后两个关键帧的变化而变化，各个关键帧之间的速度变化也变得相同，如图4-13所示。

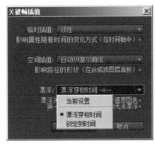

图4-13 转换为漂浮穿梭时间关键帧

2. 将蒙版路径转换为位置关键帧

可以将蒙版路径转换为位置关键帧，这样方便制作精确的位置动画，方法是：先复制一个蒙版路径，需要选中蒙版下的"蒙版路径"，然后按Ctrl+C键复制；再选中目标层的"位置"属性，按Ctrl+V键粘贴即可，如图4-14所示。

图4-14 将蒙版路径转换为关键帧路径

4.5　自动定向路径关键帧

位置动画中默认对象的方向不变，可以通过"旋转"属性来设置角度的变化，但有时使用自动定向功能可以更快捷、更匹配地得到随曲线运动路径中的角度变化，方法是：选中"位置"属性，选择菜单"图层"—"变换"—"自动定向"，打开"自动方向"对话框，选择"沿路径定向"选项，这样即可得到在曲线运动路径中自动旋转方向的效果，如图4-15所示。

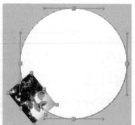

图4-15 自动定向功能

4.6 实例：关键帧动画——照片展示

本例使用多个图像和一个纸袋素材，制作展示照片的动画效果。先使用将图像放到统一大小的合成的方法，制作大小相同的照片，然后通过设置纸袋和照片的变换属性动画关键帧，设置照片从纸袋移出逐一展示的动画效果。实例效果如图4-16所示。

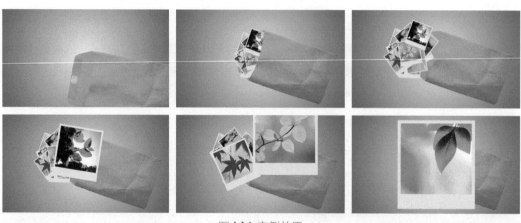

图4-16 实例效果

步骤 1 新建项目和导入素材

（1）在After Effects CC中新建项目。

（2）按Ctrl+I键打开导入素材窗口，导入本章对应文件夹中的素材文件。包括图像文件和音频文件，如图4-17所示。

图4-17 导入的素材

步骤 2 建立统一尺寸的照片合成

（1）按Ctrl+N键新建合成，在打开的"合成设置"对话框中，将"合成名称"设为"照片01"，选择合成的"预设"为HDTV 1080 25，这样可以确定像素比和帧速率，然后修改"宽度"和"持续时间"，将"持续时间"设为30秒，单击"确定"按钮，在项目面板中新建这个合成，并在时间轴面板中打开，如图4-18所示。

图4-18 建立合成

（2）按Ctrl+Y键建立一个白色的纯色层，使用矩形工具在其上绘制一个显示照片内容的蒙版，勾选"反转"选项。

（3）从项目面板中将"图A.jpg"拖至时间轴中，放置在纯色层之下，调整画面以合适的大小和位置显示，如图4-19所示。

图4-19 设置蒙版与画面

（4）在项目面板中选中"照片01"，按Ctrl+D键创建副本，共建立"照片02"至"照片10"。然后分别在对应的时间轴中，替换为不同的图像。

步骤3 建立"纸袋照片动画"合成并放置图像

（1）按Ctrl+N键新建合成，在打开的"合成设置"对话框中，将"合成名称"设为"纸袋照片动画"，选择合成的"预设"为HDTV 1080 25，将"持续时间"设为30秒，单击"确定"按钮，在项目面板中新建这个合成，并在时间轴面板中打开。

（2）按Ctrl+Y键建立一个纯色层，并选择菜单"效果"—"生成"—"梯度渐变"，添加效果，设置"渐变形状"为"径向渐变"，并设置起点、终点及渐变的颜色，其中"起始颜色"为RGB（255，255，178），"结束颜色"为RGB（104，104，67），如图4-20所示。

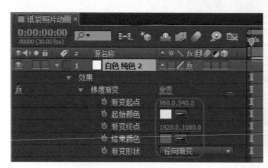

图4-20 建立渐变背景

（3）从项目面板中将"纸袋.png"和"照片01"拖至时间轴，调整"位置"、"缩放"和"旋转"，如图4-21所示。

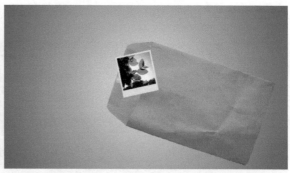

图4-21 放置图像

（4）选中"纸袋.png"，按Ctrl+D键创建副本，并拖至顶层放置。双击顶层的"纸袋.png"打开其图层视图，使用钢笔工具沿纸袋上层建立蒙版，如图4-22所示。

步骤4 放置音乐并添加节奏标记点

从项目面板中将"音乐04.wav"拖至时间轴底层放置，按LL键（即快捷按两次L键）显示波形图。选中音频层，按小键盘的Del键播放音频，监听音乐的节奏，在播放的过程中按小键盘的*键添加标记点，即为下一步的照片动画建立参照的时间位置标记点。先在播放过程中大致添加标记点，停止之后再微调精确一些的位置。例如在5秒处建立第1个标记点，然后依次间隔2秒16帧左右添加一个标记点，如图4-23所示。

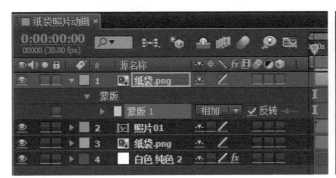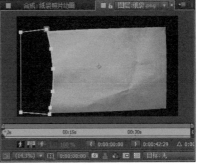

图4-22 建立蒙版

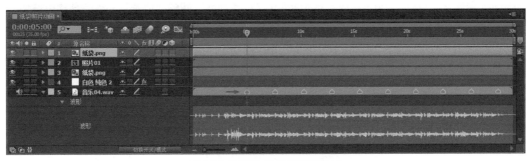

图4-23 放置音乐并设置标记点

步骤5 **制作纸袋动画**

（1）在时间轴右上角单击弹出菜单按钮，选择菜单"列数"—"父级"，这样显示出"父级"栏，将上面两层的"父级"栏选择为"纸袋.png"，如图4-24所示。

图4-24 显示父级栏设置父级层

（2）展开"纸袋.png"层的"位置"、"缩放"和"旋转"，在第1秒10帧处打开其秒表，记录关键帧。然后再将时间移至第0帧处，设置"位置"为（2000，2000）、"缩放"为（100，100%）、"旋转"为-30°。这样设置纸袋图像从右下部移入屏幕中的动画，如图4-25所示。

图4-25 设置图像变换动画

步骤 6 制作一张照片动画

（1）选中上层"纸袋.png"，将时间指示器移至第2秒处，按Alt+]键剪切出点。

（2）展开"照片01"层的"位置"、"缩放"和"旋转"，在第1秒10帧处打开"位置"的秒表，设置为（800，600）。然后再将时间移至第2秒处，调整"位置"，将照片移出纸袋，记录关键帧，这样纸袋图像从右下部移入屏幕画面后，照片被"甩"出纸袋口，如图4-26所示。

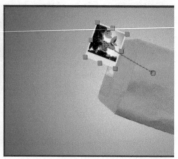

图4-26 设置照片移出信封的位置动画

（3）在第3秒20帧处单击"位置"的添加关键帧按钮，以当前数值添加一个关键帧。再打开"缩放"和"旋转"的秒表记录关键帧。再将时间移至音乐第1个标记点，即第5秒处，调整"位置"、"缩放"和"旋转"，如图4-27所示。

图4-27 设置照片飞至屏幕前的动画

（4）将时间移至第6秒13帧，调整"位置"向左侧移动，再将时间移至音乐第2个标记点，即第7秒16帧处，调整"位置"向下移动出屏幕，这里为（750，3000），如图4-28所示。

图4-28 设置照片移动和移出屏幕的动画

（5）选中除"位置"的第一个关键帧之外的关键帧，单击时间轴上部的"图表编辑器"按钮，将时间轴右侧的显示切换到图表编辑器，单击"缓动"按钮，调整关键帧的临时插值为缓动方式的贝塞尔曲线，如图4-29所示。

图4-29 切换到图表编辑模式下设置缓动关键帧

（6）对"位置"、"缩放"和"旋转"均设置缓动方式的关键帧插值，设置完毕单击"图表编辑器"按钮切换回时间轴图层状态，所设置的关键形状均发生变化，如图4-30所示。

图4-30 切换回图层模式查看关键帧形状的变化

步骤7 制作其他照片动画

（1）选中"照片01"层，按Ctrl+D键创建1个照片副本。选中其中的下面一层，按住Alt键不放，从项目面板中将"照片02"拖至其上释放将其替换。

（2）按U键展开"照片02"层的关键帧，框选中除前面两个之外的关键帧，将鼠标指向选中关键帧的第二时间位置的某个关键帧上，按住Shift键向右侧拖至音乐第2个标记的时间位置处，这样在这个时间位置"照片02"飞至屏幕中部并放大展示，如图4-31所示。

图4-31 创建副本和替换照片图像

（3）修改"照片02"的"位置"和"旋转"关键帧，使其具有不同的位置和角度动画，例如调整其一开始位于前一照片靠下一点的位置放置，并调整角度，移出纸袋口时也靠下一点，移至屏幕中部并放大的效果不变，然后变为向右侧移动和向右上角移出屏幕。这里修改其"位置"的第1个关键帧为（800，800），第2个和第3个关键帧均为（-60，900），第4个关键帧不变，第5个关键帧为（860，716），第6个关键帧为（1000，-1400）。再修改其"旋转"第1个关键帧为-30°，第2个关键帧为-20°，如图4-32所示。

图4-32 修改关键帧

（4）用同样的方式，再创建8个照片层的副本，在"照片02"层之下，分别替换为"照片03"至"照片10"，并参照音乐标记点，将除前面两个关键帧之外的关键帧移至对应的时间位置，分别调整不同的"位置"和"旋转"动画关键帧，设置各不相同的位移和角度动画。其中将最后"照片10"的"位置"关键帧删除后两个关键帧，并在结尾处添加一个"缩放"关键帧，设为（180，180%），如图4-33所示。

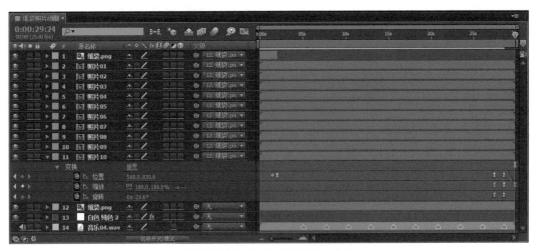

图4-33 创建副本并设置照片动画

（5）查看照片的动画效果，如图**4-34**所示。

图4-34 照片动画效果

4.7 小结与课后练习

本课学习动画制作中非常重要的关键帧设置。先学习关键帧的基本操作，包括开启、添加、选择、移动、删除、复制和粘贴，然后学习直线和曲线类型的空间插值关键帧、不同类型的时间插值关键帧、转换漂浮穿梭时间关键帧、转换蒙版路径为位置关键帧，以及图像沿关键帧路径的自动定向。

课后练习说明

使用不同的图像，重新制作与实例中相似的图像展示动画，其中可以设置不一样的照片位置、旋转和缩放属性的关键帧动画，练习动画调整设置，熟练掌握关键帧操作。

5

三维合成

1. 二三维图层有何区别;
2. 如何调整图层的三维状态;
3. 如何建立和使用摄像机;
4. 灯光有哪些类型;
5. 怎样使用多视图查看场景。

二维动画中的对象在X、Y轴组成的平面内变化,简单地比喻,即只有上下、左右方向的动画,而没有前后深度动画。其中也有通过设置缩放来模拟远近的变化,不过效果很有限。三维动画则模拟现实生活空间,在X、Y和Z轴组成的立体场景中变化,具有更多视角、光线、质感等表现力。

5.1 二三维图层的异同与互转

图层的三维开关可以在二维图层与三维图层之间转换,打开三维开关转换为三维图层后,图层下的"变换"属性相应地增加三维的参数设置项,包括Z轴参数设置和"材质

图5-1 二维图层与三维图层的属性对比

选项",如图5-1所示。

5.2 设置三维图层

(1)新建一个高清合成,按Ctrl+Y键建立合成大小的"平面"纯色层,打开三维开关,使用"自定义视图 1"查看场景,将"方向"的X轴数值设为270°,转为水平放置。

(2)再建立一个"宽度"和"高度"均

为400的"方形"纯色层，打开三维图层开关，如图5-2所示。

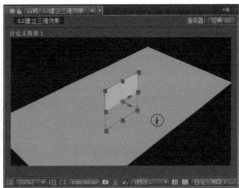

图5-2 图层三维空间效果

（3）选中"方形"层，先调整"锚点"的Z轴数值，再按Ctrl+D键创建副本，并设置副本为不同的颜色，以方便区别。旋转副本层的方向，这样按锚点为轴心放置组成立方体的各个面。例如这里查看立方体的三个面，如图5-3所示。

（4）继续创建立方体的其他面，并旋转方向，组成立方体，如图5-4所示。

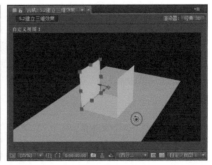

图5-3 调整锚点旋转平面

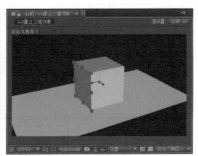

图5-4 组成立方体

5.3　建立摄像机

（1）选择菜单"图层"—"新建"—"摄像机"，或者在时间轴空白处按鼠标右键选择"新建"—"摄像机"，打开"摄像机设置"对话框，在其中将"类型"选择为"单节点摄像机"，建立一个50毫米的"摄像机 1"，如图5-5所示。

图5-5 建立单节点摄像机

（2）在时间轴和自定义视图中查看所建立的摄像机，如图5-6所示。

（3）可以继续建立一个新的双节点的24毫米的"摄像机 2"，如图5-7所示。

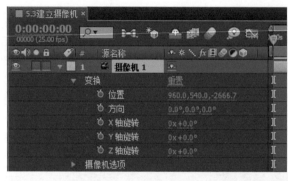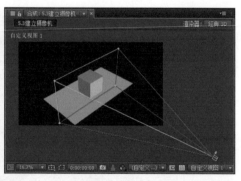

图5-6 查看摄像机

图5-7 建立双节点摄像机

提示

预设中不同毫米的摄像机视角不同，数值小时为近距离的大视角，数值大时为远距离的窄视角，即使用不同焦段镜头的相机进行拍摄时的原理。

TIPS

（4）在时间轴和自定义视图中查看所建立的摄像机，双节点摄像机具有可调节的"目标点"，如图5-8所示。

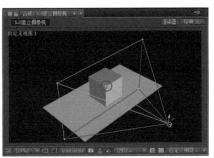

图5-8 双节点摄像机具有目标点

（5）将视图方式切换为"活动摄像机"，这样可以使用所建立的摄像机视角来显示场景。这里通过调整摄像机的"位置"属性来改变场景视角，如图5-9所示。

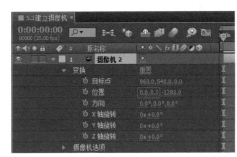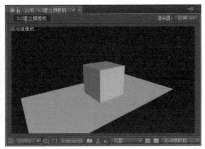

图5-9 使用摄像机的视角

提示

当建立多个摄像机时，将视上层打开显示状态的摄像机为活动摄像机。也可以通过设置摄像机层的入、出点范围，在不同的时间范围内使用不同的摄像机视角。

5.4　建立灯光

（1）场景中的三维图层对象在没有灯光的状态下，不具备光影，也就不能分辨立体的效果。例如当组成立方体的各个面为相同颜色的纯色时，效果如图5-10所示。

（2）选择菜单"图层"—"新建"—"灯光"，或者在时间轴空白处按鼠标右键选择"新建"—"灯光"，打开"灯光设置"对话框，在其中将"灯光类型"选择为"聚光"，勾选"投影"，单击"确定"建立一个"灯光 1"，如图5-11所示。

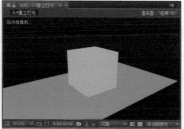

图5-10 没有灯光时的三维场景

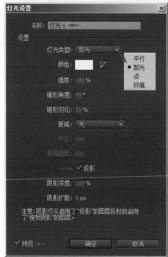

图5-11 建立灯光

提示

将"灯光设置"对话框中的"预览"勾选上时，在对话框设置状态下，即可预览到视图中对应的灯光效果。

（3）同样可以在场景中建立多个灯光，例如这里再建立另外三种类型的灯光，其中"环境光"在视图中不显示灯光标记，如图5-12所示。

提示

打开灯光的"投影"后，还需要检查设置三维图层"材质选项"下的"投影"、"接受阴影"和"接受灯光"三个选项，这样来设置三维图层对象是否具有灯光投影的状态。

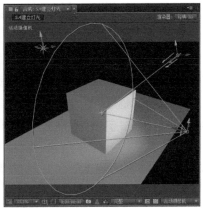

图5-12 建立其他几种类型的灯光

5.5 多视图操作

在合成视图面板下部的多视图选项中可以选择多个视图数量和排列形式。通过多视图，可以从多个视角更清晰地观察场景中的位置情况。其中的一个视图四角有黄色标记，表明其为当前激活的视图，可以设置其使用何种摄像机视图方式，例如这里使用多视图查看前面制作的场景。选择"2个视图-水平"，并将左侧设置为"顶部"视图，右侧设置为"活动摄像机"视图，如图5-13所示。

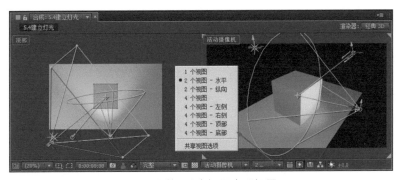

图5-13 使用2个视图查看场景

选择4个视图，从不同视角查看场景，如图5-14所示。

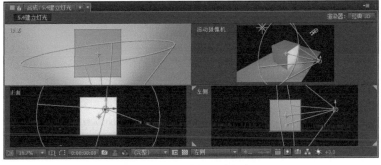

图5-14 使用4个视图查看场景

5.6　实例：三维合成——笔记薄翻页

本例使用桌面贴图和页面素材，制作笔记簿放在桌面上翻动页面的动画效果。其中先通过设置图层锚点来确定翻动页面的轴心点，然后设画页面在一侧的上下顺序，转动到另一侧时再设置新的上下顺序，最后添加摄像机和灯光。实例效果如图5-15所示。

实例的制作在本教程光盘中有详细文档教案与视频讲解。

图5-15 实例效果

5.7　小结与课后练习

本课学习转换二三维图层，设置三维图层，通过调整变换属性中X、Y和Z三个轴向的数值，将纯色层设置为放置在平面上的立方体，建立不同的摄像机和不同类型的灯光，建立三维环境的场景，并使用多视图进行场景操作。

课后练习说明

使用不同的页面素材，重新制作相似的翻页动画，其中先制作和准备好相同大小的页面图像，统一调整页锚点，并注意页面的上下顺序，并通过灯光来渲染三维场景的光影效果，通过摄像机来调整视角动画。

文字动画

学习目标:

1. 如何在合成中创建文字;

2. 如何设置路径文字;

3. 基本的文本动画设置方法;

4. 如何设置多种属性的文本动画;

5. 如何在三维空间中设置逐字3D化的文本动画。

After Effects中文本动画是一个特殊的模块,在普通图层属性的基础上,又增加多种文本动画属性,可以制作出丰富的字符动画效果。例如可以像普通的带透明背景的图像一样,进行叠加合成和添加效果,同时又可以为其中的每个字符制作分离的属性动画,以字符为单位在路径上摆放、设置逐字显示、位置、旋转或聚散的效果等动画。

6.1 创建文本的方式

(1)选择菜单"图层"—"新建"—"文本";或者在时间轴空白处按鼠标右键,选择菜单"新建"—"文本",建立文本层。

(2)也可以在工具栏中选择"横排文字工具"或"直排文字工具",在视图中单击建立。

(3)建立文本层之后,在视图中可以在激活的光标位置输入文字,并在"字符"和"段落"面板中进行文字设置。

(4)选择工具栏中的文字工具在视图中按下拖动,这样可以建立文本框,在文本框中范围中输入文字。使用选择工具在文本框的文字上双击,可以显示出文本框及其调节点,如图6-1所示。

图6-1 建立文本

6.2　路径文字

（1）选中文本层，在其上绘制蒙版，并设置蒙版的运算方式为"无"，准备使用其蒙版路径，如图6-2所示。

图6-2 在文本层上添加蒙版

（2）展开文本层，将其"路径选项"下的"路径"选择为所建立的蒙版，这样即可将文字位置移至蒙版路径上，并可以在路径的两侧反转文字的位置，如图6-3所示。

图6-3 设置路径文字

（3）可以切换文字"垂直于路径"的方式，如图6-4所示。

（4）在路径上设置文字的不同放置位置和形式，例如通过"首字边距"调整文字沿路径偏移，设置文字以单个字符或各个词句为最小单位沿路径摆放，如图6-5所示。

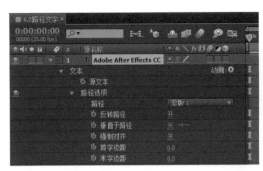

图6-4 调整文字垂直显示

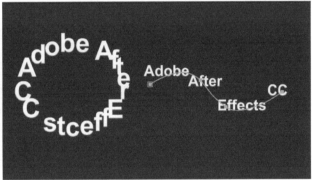

图6-5 在路径上偏移首字位置和调整锚点分组类型

6.3 文本动画属性

（1）建立一个文本层，输入下划线，然后创建一个副本，分别调整位置放置在屏幕的左上和右下部位，这样制作好两个横线作为位置参照。

（2）建立一个After Effects CC的文字层，调整位置放置在左上的下划线上，准备对其设置文本动画，如图6-6所示。

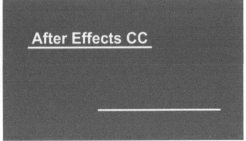

图6-6 建立和摆放文本

（3）展开文字层，单击"文本"右侧"动画"后的弹出菜单按钮，选择菜单"位置"，这样会添加一个"动画制作工具1"，在其下"位置"的数值，将文字移至右下部的横线上，如图6-7所示。

（4）在"动画制作工具1"的"范围选择器1"下，设置"偏移"从0%至100%的动画关键帧，这样产生文本动画，播放查看动画效果，文字的字符逐一从左上移至右下，如图6-8所示。

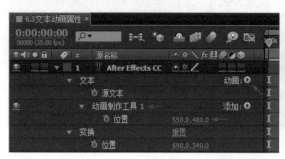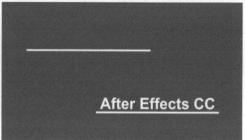

图6-7 添加文本动画属性

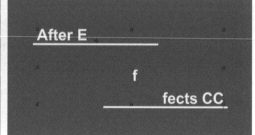

图6-8 设置基本的文本动画

（5）可以对字符的动画方式进行修改设置，例如将"高级"下的"形状"选择为"上斜坡"，再修改"偏移"开始关键帧为−100%。这样，字符由单个移动改变为多字符按时间差移动的效果，如图6-9所示。

图6-9 调整高级下的形状类型影响文本动画的效果

6.4　复合动画效果

（1）在上一文字动画的基础上，在"动画制作工具1"右侧"添加"后单击弹出菜单按钮，选择"属性"—"旋转"，在"动画制作工具1"下添加一个"旋转"属性，设置其为1x+0°（即360°），播放动画效果，在原有的字符移动同时产生旋转的动画，如图6-10所示。

 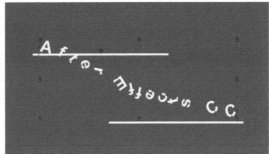

图6-10 在同组动画制作工具下添加动画属性

（2）在"动画制作工具1"右侧的"添加"后单击弹出菜单按钮，选择"选择器"—"摆动"，在"动画制作工具1"下添加一个"摆动选择器1"属性，设置"模式"与"最小量"，播放动画效果，在原有的字符动画的同时产生摆动的效果，如图6-11所示。

 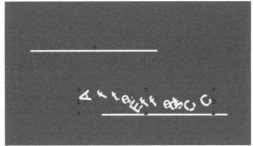

图6-11 添加另一组动画制作工具

（3）以上均为"动画制作工具1"下添加不同的属性，也可以在"文本"右侧的"动画"后单击弹出菜单按钮，选择菜单"不透明度"，这样会添加"动画制作工具2"，将"动画制作工具2"下的"不透明度"设为0%，将其下的"偏移"设置0%至100%的关键帧。这样，"动画制作工具1"和"动画制作工具2"中的属性受各自的"偏移"动画影响，产生动画。这里将"动画制作工具1"的"偏移"关键帧向后拖动，使用推迟几帧的时间产生动画。播放动画，产生由多个属性变化的复合动画效果，如图6-12所示。

图6-12 设置复合的文本动画效果

6.5　逐字3D化文本动画

文字层转换为三维层后，可像图形一样整体在三维空间放置或移动。而逐字3D化文本功能则可以将一个字本层中的文字，按字符为最小单位在三维空间中移动和旋转。

（1）不同于常规的三维文字图层，逐字3D化的方法是展开文本层，在"文本"右侧的"动画"后单击弹出菜单按钮，选择菜单"启用逐字3D化"，这样文字层的三维开关栏显示为双立方体的小图标。

（2）再建立一个"平行"类型的"灯光1"和"聚光"类型的"灯光2"，如图6-13所示。

图6-13 为文本启用逐字3D化

（3）在文本层下"文本"右侧的"动画"后单击弹出菜单按钮，选择菜单"位置"，添加"动画制作工具1"，添加一个三维的"位置"属性，调整Z轴向数值，将文字向近处移出画面，并设置"高级"下的"形状"，设置"偏移"关键帧为-100%和100%。

（4）在"动画"后再单击弹出菜单按钮，选择菜单"旋转"，添加"动画制作工具2"，添加X、Y和Z三个轴向的旋转属性，调整"Y轴旋转"数值，并设置"高级"下的"形状"，设置"偏移"关键帧为-100%和100%。将"动画制作工具2"的这一组关键帧比"动画制作工具1"推迟几帧发生，这样产生了字符在空间移动和旋转的动画效果，如图6-14所示。

图6-14 设置逐字三维空间中的移动和旋转

6.6　实例：文本动画——动态文字效果

本例在一个动态背景素材上建立三组文本，设置三种类型的动画方式。第一种为文本整体旋转飞入飞出的动画，第二类为多行文本逐字显示出来的效果，第三类为逐个字符纵深飞入的动画效果，并为文字效果添加光效和运动模糊。实例效果如图6-15所示。

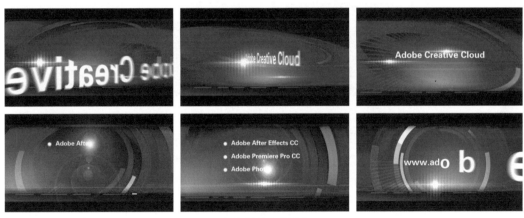

图6-15实例效果

步骤 1　新建项目和导入素材

（1）在After Effects CC中新建项目。

（2）按Ctrl+I键打开导入素材窗口，导入本章对应文件夹中的视频素材和音频素材文件。

步骤 2　建立合成并放置素材

（1）按Ctrl+N键新建合成，在打开的"合成设置"对话框中，将"合成名称"设为"文字动画"。选择合成的"预设"为HDTV 1080 25，即国内PAL制式的高清尺寸；将"持续时间"设为25秒，单击"确定"按钮，在项目面板中新建这个合成，并在时间轴面板中打开。

（2）从项目面板将"动态背景01.mov"、"动态背景02.mov"、"动态背景03.mov"和"音乐06.wav"放置到时间轴中。视频素材前后连接并部分重叠，第三段视频素材与合成结尾对齐。在重叠的上面图层设置0至100的"不透明度"关键帧动画，产生逐渐显示后面画面的过渡衔接方式，如图6-16所示。

步骤 3 **建立第一个文字动画**

（1）在时间轴空白处按鼠标右键，选择弹出菜单"新建"—"文本"，新建文本层，输入文本"Adobe Creative Cloud"，并在"字符"面板和"段落"面板进行设置，如图6-17所示。

图6-16 放置背景和音乐

图6-17 建立文本

（2）将文字放置在第一段视频素材上面，打开其三维图层开关，在第2秒处打开其"位置"和"Y轴旋转"前面的秒表，记录当前数值的关键帧。然后将时间移至第0帧处，调整文字旋转和移动至近处的屏幕之外，"位置"为（960，620，-3000），"Y轴旋转"为200°，如图6-18所示。

图6-18 为文本层设置简单的图层变换动画

（3）查看文字的动画方式，如图6-19所示。

（4）选中第2秒的两个关键帧，按Ctrl+C键复制，再将时间移至第6秒处，按Ctrl+V键粘贴。同样选中第0帧的两个关键帧复制并粘贴到第6秒24帧处，为文字制作一个飞出画面的结束动作，如图6-20所示。

图6-19 文字动画效果

图6-20 设置关键帧

步骤4　**建立第二组文字动画**

（1）在时间轴空白处按鼠标右键，选择弹出菜单中的"新建"—"文本"，新建文本层，输入文本"Adobe After Effects CC"，并在"字符"面板和"段落"面板进行设置。

（2）按Ctrl+Y键建立一个"宽度"和"高度"均为100的白色纯色层，命名为"圆点"。选中纯色层，双击工具栏中的椭圆形工具，为其添加一个圆形的蒙版，并调整"蒙版羽化"和"蒙版扩展"，调整"圆点"和文字的位置。

（3）同样，再复制和修改，建立另外两个圆点图形和文字，进行摆放，其中文字为"Adobe Premiere Pro CC"和"Adobe Photoshop CC"，如图6-21所示。

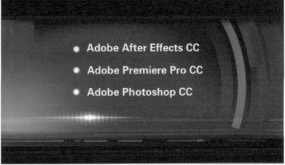

图6-21 建立文本和圆点

（4）将"Adobe After Effects CC"文字层和其下的"圆点"层入点设为第8秒。展开"Adobe After Effects CC"文字层，在其"文本"右侧的"动画"后单击弹出菜单按钮，选择"不透明度"，为文字层添加一个"动画制作工具 1"，在其下将"不透明度"设为0%。展开"范围选择器 1"，设置"偏移"第8秒02帧为0%，第9秒为100%。

（5）按Ctrl+Y键建立一个黑色的纯色，命名为"点光"，大小与当前合成一致，将其放在"Adobe After Effects CC"文字层上，将图层设为"相加"模式。选择菜单"效果"—"生成"—"镜头光晕"，设置其下的"光晕中心"第8秒时为（512，333），与对应的"圆点"层"位置"相同；第8秒02帧时为（580，333），与对应的文字层"位置"相同；第9秒时为（1330，333），光效与对应文字逐渐显示出的字符同步移动，并在最后一个字符位置结束。按Alt+]键设置出点，如图6-22所示。

（6）查看在这三个关键帧时间位置的动画效果，如图6-23所示。

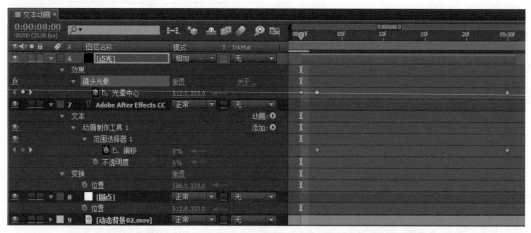

图6-22 添加文本逐渐显示的动画及点光动画

图6-23

（7）同样，为后两个文字制随光效渐出的动画效果，其中将"点光"复制两份，分别放置到对应文字层的上面，将后两个文字动画对应图层的入点分别设为第10秒和第12秒处，如图6-24所示。

（8）动画效果如图6-25所示。

步骤5　建立第三个文字动画

（1）在时间轴空白处按鼠标右键，选择弹出菜单中的"新建"—"文本"，新建文本层，输入文本"www.adobe.com"，并在"字符"面板和"段落"面板进行设置。

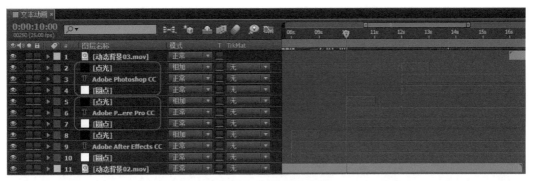

图6-24 设置副本及动画

图6-25 文本逐渐显示的动画

（2）展开"www.adobe.com"文字层，在其"文本"右侧的"动画"后单击弹出菜单按钮，选择"启用逐字3D化"。

（3）将文字层的入点设为第17秒。在其"文本"右侧的"动画"后单击弹出菜单按钮，选择"位置"。这样为文字层添加一个"动画制作工具 1"，在其下将"位置"的Z轴向设为-2700。展开"范围选择器 1"，设置"偏移"第17秒为0%，第19秒为100%，第23秒20帧为100%，第24秒24帧为0%。展开"高级"，将"形状"设为"圆形"。

（4）在其"文本"右侧的"动画"后再次单击弹出菜单按钮，选择"不透明度"，这样为文字层添加一个"动画制作工具2"，在其下将"不透明度"设为0%。展开"范围选择器 1"，设置"偏移"第17秒为0%，第17秒15帧为100%，第24秒10帧为100%，第24秒24帧为0%。

（5）展开"www.adobe.com"文字层"变换"下的"位置"，在第17秒时打开其秒表记录关键帧，然后在第24秒24帧处将其Z轴设为-500，如图6-26所示。

（6）查看动画效果，如图6-27所示。

（7）最后为前后两个文字层设置飞入飞出运动的模糊效果，打开其图层的运动模糊开关，并打开时间轴顶部的启用运动模糊总开关。这样完成制作，按小键盘的0键预览最终的视音频效果。

图6-26 建立逐字3D化的屏幕外飞入的文本动画

图6-27 纵深飞入的文本动画

6.7 小结与课后练习

本课学习After Effects CC中丰富的文本动画制作，分别学习创建文本的方法，设置路径文字，添加文本的动画制作工具，设置文本动画属性制作多种类型的文本动画，并学习开启逐字3D化文本动画，制作单个字符三维空间的变换属性动画。

课后练习说明

制作不同动画方式的文本动画，分多种情况练习动画设置方法，例如添加一个动画制作工具，并在其下添加一种属性设置动画的方法；添加一个动画制作工具，并在其下添加多种属性设置动画的方法；以及添加多个动画制作工具，设置动画的方法。

形状图层

1. 如何在合成中建立形状；
2. 如何在蒙版与形状之间互转路径;
3. 从图层创建形状或蒙版的方法；
4. 形状动画的设置方法；
5. 如何为图形图像制作类似木偶动画的效果。

形状图层的与文字图层在属性和动画模式上相似，在创建方式上与蒙版相似，可以在合成中绘制各类形状，以矢量的形式存在，无损缩放。另外可以与文本一同，在后面讲解的课程中进行立体效果的制作。形状图层为Logo等图形元素、甚至卡通角色动画等制作带来解决方案。

7.1　形状属性

在工具栏中有形状工具和钢笔工具，使用这些工具可以在视图中绘制形状。当时间轴中有选中的视频、图像、文本或纯色图层时，绘制的形状将转变为图层的蒙版路径；当未选中图层进行绘制时，将创建形状图层。形状图层也可以先通过菜单"图层"—"新建"—"形状图层"来创建，或者在时间轴空白处按鼠标右键选择菜单"新建"—"形状图层"来创建。

（1）这里在工具栏中选择"圆角矩形"工具，在视图中拖动绘制，建立"形状图层1"，如图7-1所示。

（2）取消图层的选中状态，再选择一个形状工具绘制形状，这样建立一个"形状图层2"。

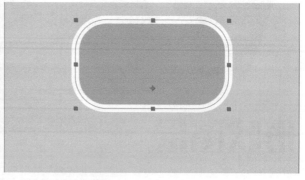

图7-1 建立一个圆角矩形的形状层

（3）在选中"形状图层2"的状态下，使用形状工具进行绘制操作，可以在"形状图层 2"上添加新的形状，也可以使用钢笔工具绘制形状，如图7-2所示。

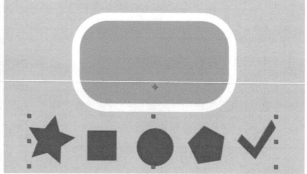

图7-2 建立包括多个形状的形状层

（4）在形状图层下，有与文本图层相似的"添加"菜单选项，这里单击"内容"右侧的弹出菜单按钮，选择弹出菜单中的"渐变填充"，添加一个"渐变填充1"，在其"编辑渐变"中可以设置渐变颜色。添加"渐变填充1"之后，需要将原来的"填充1"关闭或删除，如图7-3所示。

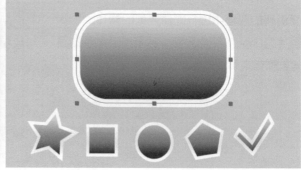

图7-3 添加渐变填充

7.2　形状与蒙版的转换

（1）图层上的蒙版路径与形状层上的形状路径可以相互复制和粘贴，前提是需要选中各自的路径再进行操作。例如这里选中纯色层上的"蒙版1"下的"蒙版路径"，按Ctrl+C键复制，如图7-4所示。

图7-4 建立图层蒙版

（2）选中形状图层的某个"路径"，这里在形状图层下单击"添加"后的弹出菜单按钮，选择菜单"路径"，添加一个"路径1"，并在其下选中"路径"，按Ctrl+V键粘贴，这样将蒙版路径粘贴到形状图层中，成为形状路径，如图7-5所示。

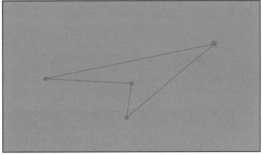

图7-5 图层蒙版复制和粘贴到形状路径上

（3）可以进一步为路径添加"填充"等设置显示形状。这里为路径添加"描边"、"填充"和"扭转"，如图7-6所示。

图7-6 利用路径制作功能制作形状效果

（4）同样，选中形状图层的"路径"也可以复制下来，再在目标图层中选中已有的蒙版路径或新建一个蒙版路径，选中并粘贴，这样将形状路径粘贴为图层的蒙版路径。

提示

对于使用形状工具绘制的形状没有路径属性，需要在其上按鼠标右键，选择弹出菜单"转换为贝赛尔曲线"，将其转换显示出可选中的"路径"属性。

7.3 从图层创建形状或蒙版

（1）形状或蒙版也可以从视频、图像或文字中自动检测创建。例如这里先建立一个文本层，如图7-7所示。

图7-7 建立文本

（2）选中文本层，选择菜单"图层"—"从文字创建形状"，将产生一个形状图层，其下包括多个组成文字的形状，如图7-8所示。

图7-8 从文字创建形状

（3）这样，可以使用形状层中的一些属性制作特殊的效果，例如这里在形状层的"添加"后单击弹出菜单按钮，选择"摆动路径"，设置类似水中文字的动态效果，如图7-9所示。

图7-9 利用形状功能制作效果

（4）对于具有透明背景的视频或图像，可以选择菜单"图层"—"自动追踪"，在打开的"自动追踪"对话框中，将"通道"选择为Alpha，勾选"预设"时，可以在调整设置过程中预览视图中相对应的蒙版追踪效果，如图7-10所示。

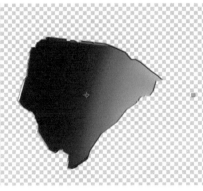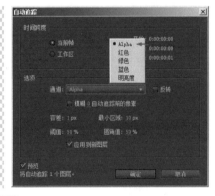

图7-10 设置Alpha通道跟踪

（5）单击"确定"按钮后，将按Alpha通道产生追踪的蒙版，如图7-11所示。

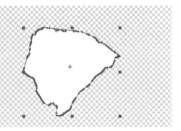

图7-11 跟踪产生图层蒙版

提示

图像层应设置"时间跨度"为当前帧，视频则可以设置"时间跨度"为工作区，在工作区的范围逐帧追踪产生逐帧的动态蒙版关键帧。

7.4　形状动画设置

（1）形状图层可以在其"内容"下设置多种影响形状的属性动画，例如这为一个星形"多边星形路径1"下的属性添加关键帧，如图7-12所示。

（2）调整"多边星形路径1"下的属性的数值，制作形状变化，并在"添加"后的弹出菜单中选择"扭转"，添加"扭转1"并为其下"角度"添加关键帧，如图7-13所示。

图7-12 为星形添加路径属性关键帧

图7-13 设置路径属性关键帧动画并添加扭转关键帧

（3）调整"角度"的变化产生形状扭转动画，如图7-14所示。

7.5　操控木偶工具

可以使用工具栏中的"操控点工具"为图形制作类似木偶的动画效果。这里先建立一个"卡通人物"合成，主要使用形状图层绘制一个简化的卡通人物，再使用路径文本符号制作一个夸张的头发，如图7-15所示。

图7-14 设置扭转动画

图7-15 建立卡通人物图形并作为一个图像层

1. 使用操控点工具

（1）在新的合成中放置"卡通人物"层，即准备对一个具有透明背景的图像进行操控点木偶动画设置。在工具栏选中"操控点工具"，第0帧的时间处，在卡通人物图像中准备活动的肢体关节上分别单击建立操控点，这样在时间轴图层下添加了"操控"效果，展开其下的"网格1"和"变形"，显示所添加的多个打开秒表的操作点。如图7-16所示。

（2）将时间移至第1秒处，移动其中的上肢和下肢的操控点产生动作的变化，这样在0帧至1秒之间得到一个简单的木偶动画，如图7-17所示。

图7-16 添加操控点

图7-17 在新的时间调整操控点产生动画

2. 使用操控叠加工具

（1）其中在制作操控点动画的过程中，图形部分发生交叉重叠时，会存在其中一个图形在上方遮挡另一个图形，这个前后顺序可以根据需要来更改。例如，这里准备将两个上肢移至头部后方时，其中一个上肢显示在头部前方，需要进行更改。选择"操控叠加工具"在需要更改上肢原始位置上单击一个"重叠1"的点，如图7-18所示。

图7-18 使用操控叠加工具

（2）通过调整"重叠1"下的属性数值更改其显示在头部的前方或后方的状态，如图7-19所示。

图7-19 调整重叠部分前后顺序

3 使用操控补粉工具

在移动操控点制作动画的过程中，操控点周围的图像或多或少地受到操控点的影响，通常这种影响是合理和需要的，有时则需要减小或避免产生影响。例如这里在移动一侧上肢的操控点时，不希望其头部及头发受其影响，可以选择"操控补粉工具"在头部下方建立一个"补粉1"的点，并调整其下的属性，减小"补粉1"的点附近图像受到其他操控点的影响，如图7-20所示。

图7-20 使用操控补粉工具减小操控点影响

7.6　实例：图形动画——形状包装效果

本例使用本课学习的形状图层制作一个图像的包装效果。先建立放射状背景，再建立花边的星形，将图像放在星形中，制作撕开星形显示图像的动画。并使用形状图层的功能制作和设置一排装饰的小星形效果。实例效果如图7-21所示。

图7-21 实例效果

步骤1 新建项目、导入素材和建立合成

（1）在After Effects CC中新建项目。

（2）按Ctrl+I键打开导入素材窗口，导入本课对应文件夹中的图像素材和音频素材文件。

（3）按Ctrl+N键新建合成，在打开的"合成设置"对话框中，将"合成名称"设为"形状图层动画"。选择合成的"预设"为HDTV 1080 25，即国内PAL制式的高清尺寸；将"持续时间"设为5秒，将"背景颜色"设为绿色，RGB为（0，150，50），单击"确定"按钮，在项目面板中新建这个合成，并在时间轴面板中打开。

步骤2 建立放射背景图形

（1）双击工具栏中的"星形工具"，在时间轴中建立一个形状图层，将其重新命名为"放射背景"，如图7-22所示。

图7-22 建立星形

（2）展开"放射背景"层，设置"多边星形路径 1"下的"点"、"外径"和"外圆度"，将"填充1"的"颜色"设为白色，将图层"变换"下的"不透明度"设为30%，如图7-23所示。

图7-23 调整为放射背景

步骤3 建立五星图形

（1）在时间轴中没选中图层的状态下，双击工具栏中的"星形工具"，在时间轴中建立一个形状图层，将其重新命名为"五星"。展开"描边1"，设置"描边宽度"为50，"线段端点"为"圆头端点"，"线段连接"为"圆头连接"。单击一下"虚线"右侧的+号按钮，产生"虚线"及"偏移"属性，再单击一下+号按钮，添加一个"间隔"属性。将"虚线"设为0，"间隔"设为50，"偏移"设为0。修改"填充1"下的"合成"为"在同组中前一个之上"，"颜色"为绿色，RGB为（36,140,0），如图7-24所示。

图7-24 建立花边星形

（2）选中"五星"层，双击工具栏的"星形工具"，添加一个相同形状的"多边星形2"。设置"变换：多边星形2"下的"比例"为（95,95%），关闭"描边1"和"填充1"。选中"多边星形2"，在"内容"右侧单击"添加"后的弹出菜单按钮，选择菜单"渐变描边"，添加一个"渐变描边1"，对其"合成"、"起始点"、"结束点"、"描边宽度"进行设置，并单击"编辑渐变"打开"渐变编辑器"，在其中设置左右两个色块，其中左侧为RGB（144,255,146），右侧为RGB（5,90,89），如图7-25所示。

图7-25 添加渐变描边

（3）查看此时在五星内部有了一个渐变的描边效果，如图7-26所示。

（4）选中"五星"层，双击工具栏的"星形工具"，添加一个相同形状的"多边星形3"。设置"变换：多边星形2"下的"比例"为（86，86%），关闭"填充1"。在"描边1"下，对其"合成"、"颜色"、"描边宽度"进行设置，其中"颜色"为RGB（255，255，0），并单击"虚线"右侧的+号，设置产生的"虚线"为30，如图7-27所示。

图7-26 查看渐变描边效果

图7-27 添加虚线轮廓

步骤4 设置图像遮罩

（1）从项目面板中将图像素材拖至时间轴原图层上面，选中"五星"层，按Ctrl+D键创建一个副本，并将其重命名为"五星遮罩"，放置在图像层之上。

（2）展开"五星遮罩"层，关闭"多边星形1"和"多边星形2"，打开"多边星形3"的"填充1"，关闭"描边1"。

（3）将图像层TrkMat栏设为Alpha 遮罩"五星遮罩"，这样以五星内部的填充图形作为遮罩，显示图像层的局部画面，如图7-28所示。

（4）选中"五星遮罩"层，按Ctrl+D键创建一个副本，放置当前图层上面，将其重命名为"五星遮罩撕开"。设置其"多边星形3"下"填充1"的"颜色"为绿色，RGB为（0，150，50）。选择"效果"—"扭曲"—CC Page Turn，为其添加一个翻页的效果。设置Back Page为"无"，Back Opacity为100。设置Fold Position第2秒时为（1440，540），第3秒时为（-1500，-600）。设置Fold Radius第2秒10帧时为200，第3秒时为4，如图7-29所示。

图7-28 设置图层遮罩的画面

图7-29 设置撒开画面动画

（5）查看动画效果，如图7-30所示。

步骤5 建立小星形效果

（1）在时间轴中无选中图层的状态下，双击工具栏中的"星形工具"，在时间轴中建立一个形状图层，将其重新命名为"小五星"。展开"描边1"，设置"描边宽度"为50，"颜色"为灰色，RGB为（162，162，162）。设置"填充1"下的"颜色"为黄色，RGB为（255，222，0）。调整图层变换下的"缩放"和"位置"，如图7-31所示。

（2）在"小五星"层下的"内容"右侧单击"添加"后的弹出菜单按钮，选择菜单"中继器"，添加一个"中继器1"。设置"副本"为8，设置"变换：中继器1"下的"位置"为

图7-30 查看撕开画面效果

图7-31 建立小星形

（1220，0），这样产生一排小五星。并在"多边星形1"下调整"变换：多边星形1"下的"位置"为（-4280,0），将小五星整体左移。

（3）选择菜单"效果"— "扭曲"—"波形变形"，并设置"波形高度"和"滤形宽度"，这样这一排小五星产生波形扭曲的动画效果，如图7-32所示。

（4）最后，将音乐素材拖至时间轴，完成实例的制作。

图7-32 设置一排小星形的动画

7.7 小结与课后练习

本课学习在合成中建立形状图层，设置各种形状图形。形状与蒙版的建立有着一定的相似性，功能却大不相同，可以在蒙版与形状之间互转路径，同时介绍了形状和蒙版从图层画面中创建的方法。然后学习了形状动画的设置方法，以及绘制图形，制作木偶效果的动画。

┌─ **课后练习说明** ─────────────────────────

实例中使用了形状制作背景和包装画面的星形形状。练习使用形状制作不同的背景、不同的形状或星形来包装画面，这样主要使用形状图层来制作前、后景动画元素，包装画面的动画效果。

8

三维文字与Logo制作

学习目标：

1. 制作立体文字的渲染器设置；
2. 设置三维场景中的摄像机与灯光；
3. 设置立体字的材质；
4. 设置立体文字逐字3D化的动画；
5. 为形状也制作立体效果。

对三维图层进行三维场景的合成制作中，三维图层的内容其实为立体空间中的面片图像，从图像的侧面观察时图像没有厚度，三维文字层中文字也是没有厚度的字符。不过针对文本层和形状层，如果在合成中使用光线追踪3D渲染器，这样则可以制作出带有厚度的立体对象。

8.1　使用光线追踪3D渲染器制作立体文字

（1）这里在合成中建立一个AE CC文本层。

（2）然后选择菜单"合成"—"合成设置"（快捷键为Ctrl+K键）打开"合成设置"窗口，在其中切换到"高级"标签，常规的合成渲染器为"经典3D"这一选项，这里将"渲染器"选择为"光线追踪3D"，如图8-1所示。

图8-1 建立文字并选择光线追踪3D渲染器

（3）单击"确定"按钮后，合成中文本层下增加了相关的立体文字设置项，包括新增了"几何选项"，"材质选项"下的属性和"动画"弹出菜单中的选项增多，如图8-2所示。

（4）这里展开"几何选项"，设置其下的属性产生立体文字效果，并在"动画"弹出菜单中选择"前面"—"颜色"—"RGB"添加一个"动画制作工具1"，在其下设置"正面颜色"，如图8-3所示。

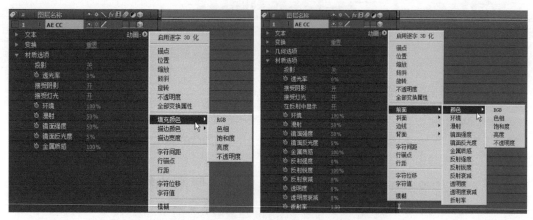

图8-2 对比更换渲染器前后文字层属性变化

图8-3 设置几项选项产生立体文字

8.2 添加摄像机、灯光与布置环境

（1）三维环境下的对象还需要合适的视角来体现透视，以及光影的变化来体现空间效果。这里接着上面的制作，建立一个"摄像机1"，如图8-4所示。

（2）再建立一个"聚光"类型的"灯光1"和"平行"类型的"灯光2"，其中可以使用灯光颜色来渲染场景的光照色彩，如图8-5所示。

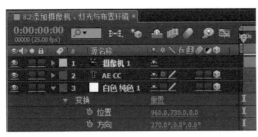

图8-4 建立摄像机

图8-5 建立灯光

8.3 设置立体文字的材质效果

（1）立体的文字可以通过属性设置增强材质表现效果，这里先为地平面添加一个"棋盘"的纹理效果，再添加一个"环境"类型的"灯光3"。

（2）选择文本层"动画"弹出菜单中的"边线"—"反射强度"，添加一个"动画制作工具2"，在其下设置"侧面反射强度"，使立体文字侧面反射地平面的棋盘纹理，如图8-6所示。

图8-6 添加侧面反射的材质效果

8.4 设置文字动画

因为文本具有逐字三维空间的动画功能，可以很方便地为立体的文字也设置立体空间的旋转、移动等动画效果。这里先在文本层的"动画"弹出菜单中选择"启用逐字3D化"，然后再选择"动画"弹出菜单中的"旋转"，添加"动画制作工具3"，并设置"Y轴旋转"、"形状"选项及"偏移"关键帧，其中"偏移"关键帧为－100%和100%，这样得到一个逐字在空间旋转的立体文字动画，如图8-7所示。

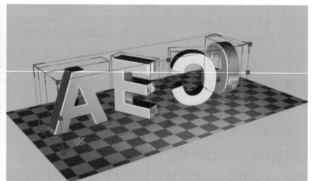

图8-7 设置逐字3D化的动画

8.5 制作立体形状的动画

与文本图层相同，在使用光线追踪3D渲染器的合成中，形状图层也可以制作具有厚度的立体效果。由于光线追踪3D渲染器的预览计算量大，响应较慢，通常的操作步骤为先使用常规的"经典3D"合成渲染器进行文本或形状图层的动画制作，待动画基本制作完成，在最后阶段再将"渲染器"选择为"光线追踪3D"，设置立体效果。

（1）这里在"经典3D"合成渲染器状态下，先设置形状图层的动画效果，制作一个由三角转变为五角，同时沿Y轴旋转的关键帧动画，如图8-8所示。

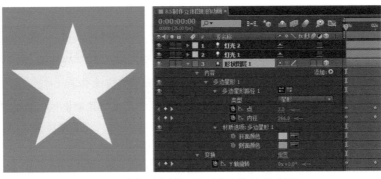

图8-8 建立形状并设置形状和旋转的动画

（2）然后将"渲染器"选择为"光线追踪3D"，像文本层一样，设置形状的立体效果，这样得到立体的形状动画，如图8-9所示。

图8-9 使用光线追踪3D渲染器并设置立体效果

8.6 实例：三维元素——立体Logo动画

本例使用本课学习的内容制作立体的Logo动画，其中先建立好Logo的形状和文字两个部分，设置好动画效果，再打开合成设置，将渲染器选择为光线追踪3D方式，分别设置形状和文字的立体效果。实例效果如图8-10所示。

实例的制作在本教程光盘中有详细文档教案与视频讲解。

图8-10 实例效果

8.7　小结与课后练习

本课学习在合成中制作真实的三维元素。先了解"经典3D"和"光线追踪3D"两种合成渲染器的区别。然后在"光线追踪3D"渲染器下制作具有厚度的立体文字，并添加摄像机、灯光，设置立体文字材质、文字在三维空间的逐字动画。最后学习使用形状图层制作立体的形状元素动画。

课 后练习说明

学习了实例中的立体Logo动画制作后，使用不同的Logo图像作为参考，绘制Logo形状制作立体的效果，设置三维空间中具有厚度的Logo元素动画，并设置立体元素表面的颜色和材质。

表达式

学习目标:

1. 如何使用表达式;
2. 掌握基本的表达式语句;
3. 如何进行表达式语言引用;
4. 表达式控制效果的使用方法;
5. 如何在项目合成之间设置表达式控制。

表达式是一些软件中的增强功能,After Effects中表达式有着非常重要的作用,可以简化很多复杂的操作设置,增加合成制作的能力、提高操作效率。在分析一些After Effects的模板项目文件时,就会发现很多项目合成中包含表达式,不过大多数都是基础简单的关联设置,通过本课基础的表达式学习,将可以读懂和修改大多数情况下的表达式。

9.1 表达式用途及基本操作

1. 启用表达式

(1)在合成中放置时钟的各个分层,选中其中的"时针"层,按R键展开其"旋转"属性,设置从0°～60°的关键帧,如图9-1所示。

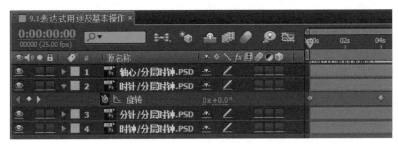

图9-1 设置时针的旋转关键帧

（2）选中"分针"层，按R键展开其"旋转"属性，按住Alt键在其秒表上单击，启用表达式设置，使用鼠标在关联器按钮上按下并拖至"时针"层的"旋转"属性上释放，自动建立关联表达式，如图9-2所示。

图9-2 建立关联属性表达式

2. 修改表达式

当前表达式关联使"分针"层与"时针"层的"旋转"数值保持一致。在表达式填写栏中单击，使其转变为可输入状态，在关联表达式结尾添加"*12"，然后按小键盘的Enter键结束输入状态，确定表达式。即如果"时针"转动1圈则"分针"转动12圈，如图9-3所示。

图9-3 修改表达式

3. 关闭表达式

单击表达式中的＝符号按钮，可以将其切换为≠符号的按钮，即关闭表达式，但表达式仍保留，可以再次单击切换为＝符号按钮而启用表达式，如图9-4所示。

图9-4 关闭表达式

4. 删除表达式

按住Alt键单击秒表，或者在表达式填写栏中删除表达式语句，都可以删除表达式。

9.2　表达式语句解读

1. 简单的关联表达式

thisComp.layer("时针").transform.rotation

其中的**thisComp**是一个全局属性，表示当前的合成。layer("时针")为layer(name)合成属性，指定对应的图层，其中的name为字符串，半角的双引号内可以使用全角中文字符。Transform对应图层下的"变换"属性。Rotation则对应"变换"下"旋转"属性。这样这条表达式语句确定了最终的一个"旋转"属性，上下级别之间以半角的.符号来隔开。

2. 多行表达式

a= thisComp.layer("时针").transform.rotation;

b=12;

a*b

其中定义a等于一个通过关联属性得到的数值，是一个变量，由"时针"的"旋转"属性来决定。定义b为一个常量，当前为12。a*b为两个数值相乘的结果，也是当前所填写表达式属性的最终数值。多条语句之间使用半角的分号来换行，最后一行可以省略分号表达结束，同时最后一行也是当前表达式的最终结果。

表达式中可以使用简单的算数运算，包括+（加）、-（减）、*（乘）和/（除），另外*-1可以得到负数。

提示：这三条语句的表达式也可以简单地在关联表达式语句后直接添加"*12"即可。不过在更复杂的表达式中，建议使用多行来清晰地区分每一条语句，这样更加易读和理解。

3. 表达式注释

a=thisComp.layer("时针").transform.rotation; //关联时针

b=12; /*因为时针转动1个小时，即1/12圈，对应

分针需要转动1圈，所以相差12倍*/

a*b

这里在语句之后添加表达式注释，其中在语句之后添加单行注释时，使用//加注释文字的格式；在语句之后添加多行注释时，使用/*注释文字*/的格式，其中注释文字为分行文字。

4. 表达式数组：

a=thisComp.layer("分针").transform.scale[0];

b=thisComp.layer("分针").transform.scale[1];

[a*4/3,b*2/3]

这是为 个图层的"缩放"属性建立的表达式，其中a为关联图层"缩放"属性中的x轴，b

为关联图层"缩放"属性中的y轴。最终结果中"缩放"的x轴数值为关联图层x数值乘以三分之四，y轴数值为关联图层y数值乘以三分之二。二维图层的"缩放"、"位置"及"锚点"属性为x和y轴向的二维数组，即[x,y]，表达式中将二维数值的数值放在中括号中以，（半角逗号）隔开。而关联二维属性中的x轴数值以[0]表示，y轴数值以[1]表示。在三维图层中的x、y和Z则以[0]，[1]和[2]表示。

9.3 表达式语言引用

在表达式的关联器按钮旁有一个弹出菜单按钮，单击弹出表达式语言引用菜单，选中其中的某个语言引用，可以将其添加到表达式填写栏中。进一步学习和应用表达式时，需要掌握多种语言属性的功能应用，如图9-5所示。

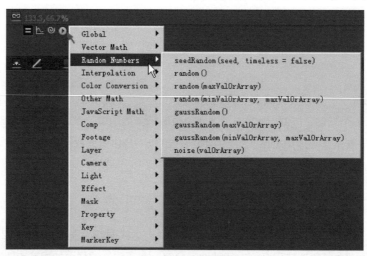

图9-5 表达式语言引用菜单

9.4 使用表达式控制

在进行表达式操作中，通常使用建立一个空对象层放在合成顶部，在其上添加表达式控制效果，然后在目标图层建立关联表达式控制的联接关系，通过在空对象层中设置关键帧来控制目标动画。这样便于清晰地进行表达式控制和修改设置。

（1）在合成中放置时钟的各个分层。

（2）新建一个空对象层，命名为"表达式控制"。选择菜单"效果"—"表达式控制"—"滑块控制"，重命名为"滑块控制_时刻"。

（3）展开"时针"层的旋转，按住Alt键单击秒表启用表达式设置，在表达式栏中先输入"a="，然后使用鼠标在关联器按钮上按下并拖至"表达式控制"层效果下的"滑块"属性上释放，自动建立关联表达式。然后再输入半角分号（；）换行，继续填写以下表达式：

b=90;

(a-(b/30))*30

其中可以在每一行后添加//符号和相关注释。填写完成后，按小键盘的Enter键结束输入状态，确定表达式。这样，根据表达式的计算结果，"滑块控制_时刻"下的"滑块"为1时，"时针"计算旋转数值，将其指向1点钟方向；同样，改变"滑块"为5时，"时针"则指向5点钟方向，如图9-6所示。

图9-6 使用表达式控制效果

（4）这样，可以通过设置"表达式控制"层下的关键帧来控制相关图层的动画。其中因为时刻的数值为1至12。这里为了便于调整，可以在"滑块"上按鼠标右键，选择弹出菜单"编辑值"，在打开的"滑块"对话框中设置"滑块范围"为0～12。这样展开滑块，可以很方便地在0～12拖动滑杆上的滑块按钮，调整数值变化，如图9-7所示。

图9-7 编辑属性的默认数值范围

（5）可以进一步为其他图层建立表达式，例如"分针"，最终均受顶层"表达式控制"下的属性关键帧来控制。

9.5 使用表达式控制其他合成

以上在合成中建立一个图层，通过表达式控制效果来控制合成中其他图层的动画。在项目文件中，也可以在一个合成中通过一个图层的表达式控制效果来控制其他合成中的图层动画。例如在一个合成中建立表达式，并将其属性数值关联到另一个合成中的属性上。操作时可以将这两个合成同时并列显示，使用关联器按钮进行关联操作即可。可以看到自动建立的关联表达式中，通过comp（）函数来确定项目文件中的合成，如图9-8所示。

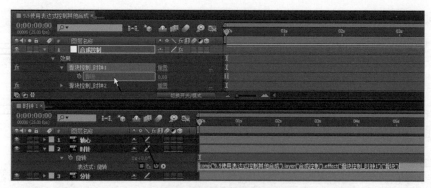

图9-8 建立跨合成控制表达式

9.6 实例：表达式效果——立体文字

本例使用本课中表达式的方法来创建立体字的效果，其中只需建立初始的文本层，在其上添加表达式，然后使用快捷键连续创建文本层副本，即可根据表达式自动产生立体文字的效果。实例效果如图9-9所示。

实例的制作在本教程光盘中有详细的文档教案与视频讲解。

图9-9 实例效果

9.7 小结与课后练习

本课学习表达式的使用。先学习如添加表达式，建立关联属性表达式，修改、关闭或删除表达式。然后对基本表达式语句进行解释说明，以及表达式语言引用、表达式控制效果的用法。通过本课表达式的基本使用，在没有深入学习表达式编写的情况下，可以初步建立和设置基本、常用的表达式制作。

┊ **课**后练习说明

掌握本课实例中表达式的用法，重新建立文本，制作不同的颜色和厚度效果的立体文字。其中建立表达式控制层，添加表达式控制，通过在文字层建立关联表达式，使用控制层控制文字的厚度和颜色。

10

输出与备份

1. 预览有哪些操作设置；
2. 输出文件有哪些主要设置项；
3. 如何使用输出文件时的设置模板；
4. 如何批量输出文件；
5. 如何备份完整的项目文件和素材。

输出与备份是合成制作最后环节的设置操作，通过渲染播放可以预览最终的效果；通过输出设置和渲染计算可以将合成输出为需要的文件；通过备份操作则将所有参与制作的素材及制作项目文件进行完整的备份。

10.1　预览操作

（1）按空格键预览。在合成制作过程中，按空格键开始标准预览，再按下时停止预览。标准预览不包括音频，当合成内容显示渲染计算量大时，将以较慢的速度进行播放。

（2）小键盘0键预览。按小键盘的0键则

使用RAM内存渲染，以实时的速度播放。不过在实时播放之前，需要先进行渲染计算，这样来产生临时的预览缓存文件进行播放。

（3）预览面板操作。选择菜单"窗口"—"预览"，显示出"预览"面板，其中的上面一行为预览控制按钮，其中按空格键等同于其中第三个播放/停止按钮，按小键盘的0键等同于最后一个RAM预览按钮。

（4）两种RAM预览。在面板中可以选择"RAM预览选项"和"Shift +RAM预览选项"进行两种不同的设置（例如一种按跳帧方式，另一种无跳帧方式），这样按小键盘的0键或按Shift+小键盘的0键将以不同的设置进行RAM内存渲染，如图10-1所示。

10.2　输出格式与范围

合成结果输出的正确设置至关重要，其中包括输出格式、编码、大小、是否包括音频、输出名称和路径等。

这里打开本课的实例项目文件，以其中制作好的动画合成来进行演示输出操作。

（1）打开要输出的合成，或者在项目面板中选中要输出的合成，按Ctrl+M键，将当

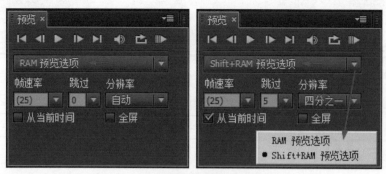

图10-1 预览面板

提示

对于计算量大的合成，可以通过增大"跳过"帧数、降低"分辨率"等设置来加快预览计算。

TIPS

前合成添加到渲染队列中。也可以使用从项目面板中将合成拖至渲染队列面板的方式添加输出队列。在渲染队列面板中的输出队列下，左侧带有下划线的两个设置是关键的设置，如图10-2所示。

图10-2 渲染队列面板

（2）其中在"渲染设置"后的下划线处单击，打开"渲染设置"对话框，在其中主要设置"品质"和"分辨率"，此外也可以更改帧速率、时间输出范围等。

（3）在"输出模块"后的下划线处单击，打开"输出模块设置"对话框，在其中主要设置"格式"，在"格式选项"中设置编码方式，或者调整大小，以及设置音频输出等，如图10-3所示。

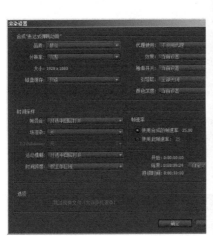

图10-3 渲染设置和输出模块设置面板

10.3　渲染设置和输出模块

对于多合成的统一格式批量输出，或者针对预览小样和最终成片等不同用途的输出，通过预先设置好"渲染设置"和"输出模块"，可以在每次输出时省去逐一设置的麻烦。

1. 渲染设置模板

（1）选择菜单"编辑"—"模板"—"渲染设置"，打开"渲染设置模板"对话框。

（2）在其中新建一个模板预设，这里例如新建一个用于预览小样的名为"1/2"的渲染设置模板，将其中的"分辨率"选择为"二分之一"，并确定。

（3）再次打开"渲染设置模板"对话框，将"影片默认值"选择为"1/2"。

2. 输出模块模板

（1）选择菜单"编辑"—"模板"—"输出模块"，打开"输出模块模板"对话框。

（2）在其中新建一个模板预设，这里例如新建一个用于预览小样的名为"H264MOV"的输出模块模板，将其中的"格式"选择为QuickTime，单击"格式选项"按钮，将"视频编辑器"选择为H.264，并确定。

（3）再次打开"输出模块模板"对话框，将"影片默认值"选择为"H264MOV"，如图10-4所示。

这样，在随后将合成添加到渲染队列中时，将自动使用输出的模板设置，例如这里自动使用以上预设的小样输出设置，如图10-5所示。

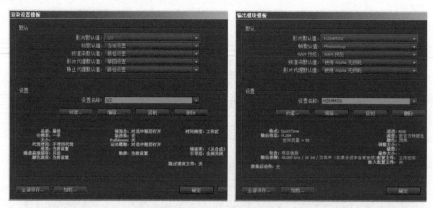

图10-4 渲染设置模板和输出模块模板

图10-5 使用模板设置

10.4　批量输出

渲染队列输出的一大优势是可以灵活快捷地进行批量输出，其中包括在同一个合成的渲染队列中，单击"输出到"前面的+号按钮添加多个不同格式、路径和名称的设置；也可以将多个合成逐一添加到渲染队列，或者从项目面板中选中多个合成，同时拖至渲染队列。最后单击"渲染"进行批量输出，如图10-6所示。

图10-6 同一合成及多合成的批量输出设置

提示

在渲染队列中，设置好一个渲染队列的输出路径之后，再添加其他的渲染队列，输出路径将沿用前面相同的输出路径。

10.5　项目备份

项目文件制作完成后，可以使用"收集文件"功能对项目文件及其所使用的全部素材，复制到一个文件夹中作为完整的备份。在备份之前，可以有目的地清除项目中未使用和不需要的素材或合成，方法是：先在项目面板中选中最终的合成，选择菜单"文件"—"整理工程（文件）"—"减少项目"，这样从项目面板中将与最终合成无关的素材或合成移除。

项目备份的方法是：选择菜单"文件"—"整理工程（文件）"—"收集文件"，打开"收集文件"对话框，在其中选择"收集源文件"为"全部"，单击"收集"按钮，将项目文件及全部素材复制到指定的文件夹中，如图10-7所示。

图10-7 收集文件备份项目

提示

工程文件、工程模板及工程备份中的"工程"，均指"项目"。

10.6　实例：表达式动画——弹跳的文字盒

本课主要介绍合成的输出设置，在本例中则先使用上一课有关表达式的方法来制作文字盒下落与弹跳的动画效果，然后使用本课介绍的内容进行合成的输出与项目的备份操作。实例效果如图10-8所示。

实例的制作在本教程光盘中有详细文档教案与视频讲解。

图10-8 实例效果

10.7　小结与课后练习

本课先介绍预览操作，在预览面板中设置不同的预览方式。然后介绍为当前合成渲染输出的设置方法，以及为批量输出预先确定输出设置的模板，进行批量输出操作。最后介绍为制作项目进行完整的项目文件和素材的收集备份。

课 后练习说明

根据本课的输出设置方法，练习为一个合成输出多种格式文件的设置操作，为多个合成输出同一种格式文件的操作，以及预设好输出设置的模板，按模板进行快速的批量输出操作。收集备份项目文件并检查素材的完整性。

11

效果应用

学习目标：

1. 效果的选择菜单和面板；
2. 了解有哪些内置效果组；
3. 对比效果的添加顺序；
4. 实现某种效果的多种方法示范；
5. 怎样为多个图层添加相同的效果。

After Effects CC的制作通常分为合成操作和特效制作两部分，特效则需要通过众多的效果来生成。After Effects CC安装后，在"效果"菜单下有约二十个效果组，其中包括有二百多个内置效果，可以进行丰富的效果制作。

11.1 内置效果菜单及面板

使用效果的方法是选中图层，然后选择菜单下的某个效果，即可将效果添加到图层上，然后在时间轴的图层下或者"效果控件"面板中进行效果设置。

也可以选择菜单"窗口"——"效果和预设"，显示"效果和预设"面板，在这里更加方便地搜索和选择效果。其中在右上角发弹出菜单中可以设置是否在面板中显示动画预设，如图11-1所示。

图11-1 效果和预设面板

After Effects CC首次推出中文版，在安装完中文版后，内置效果名称和属性均中文化，可以在"效果和预设"面板中的搜索栏中直接输入中文关键字进行效果名称搜索。例如在搜索栏中输入"模糊"将显示名称中包括"模糊"字样的效果，方便快速找到需要的效果。

另外效果中还有CC字样开头的Cycore Effects众多的效果，不属于标准的内置效果，为第三方的效果插件，没有中文化，这类效果就需要使用英文来搜索名称。例如在搜索栏中输入"CC"将显示出所有Cycore Effects效果，输入"Blur"将显示出未中文化的模糊效果。对于其他所安装的第三方插件，大多数也是英文版本，同样需要使用英文搜索。

11.2　内置效果综述

以下简要地按常用顺序对内置效果分组进行简要的综述。

1.生成组

生成组中有二十多种效果，可以在画面上创建一些效果，例如渐变的颜色、网格效果、镜头光晕效果、闪电效果等，是一个常用的效果组。

2.颜色校正组

颜色校正组中有三十种左右的效果，用来对画面进行色彩方面的调整，例如常用的色阶调整、曲线调整、色相/饱和度、亮度和对比、色调、三色调、保留颜色等。

3.扭曲组

扭曲组中有二十多种效果，用来对图像进行扭曲变形类的处理，例如球面化效果、凸出效果、网格变形处理、边角定位处理、旋转扭曲效果、极坐标处理、波纹效果等。

4.模糊和锐化组

模糊和锐化组有十多种效果，用来使图像模糊和锐化，其中多数为不同方式的模糊效果，例如快速模糊、高斯模糊、径向模糊、通道模糊、摄像机镜头模糊等效果。

5.风格化组

风格化组有十多种效果，用来制作一些实际的绘画效果或将画面处理成某种风格，例如画笔描边效果、卡通效果、毛边效果、浮雕效果、马赛克效果、纹理化等效果。

6.透视组

透视组中的效果有几个用来产生简单三维视觉的效果，例如投影效果、径向阴影效果、斜面Alpha效果、边缘斜面效果。此外还有根据视频创建摄像机的3D摄像机跟踪器效果和模拟3D影片的3D眼镜效果。

7.杂色和颗粒组

杂色和颗粒组有十种左右的效果，其中有用来移除画面中原有的颗粒效果，但大数多用来在画面中增加新的杂色、颗粒、蒙尘与划痕效果。

8.键控组

键控即抠像操作，在影视制作领域是被广泛采用的抠除演员蓝色或绿色幕布的技术，键控组有十种左右的效果，例如线性颜色键、颜色差值键、溢出抑制效果等。

9.遮罩组

遮罩组下的效果用来生成遮罩，辅助键控效果进行抠像处理，例如简单阻塞工具、遮罩阻塞工具、调整柔和遮罩、调整实边遮罩效果。

10.模拟组

模拟组效果用来仿真模拟多种逼真的效果，例如模拟水波、泡沫、碎片以及粒子运动形式的动画效果，这些效果功能强大，同时也有较多的选项，设置也比较复杂。

11.过渡组

过渡组中为预设的过渡效果，例如径向擦除效果、线性擦除效果、渐变擦除、卡片擦除效果、块溶解效果、百叶窗效果。

12.时间组

时间组中提供和时间相关的特技效果，以原素材作为时间基准，在应用时间效果的时候，忽略其他使用的效果。

13.表达式控制组

表达式控制组下的效果用来设置不同类型的属性动画，链接和控制表达式，有点控制、3D点控制、复选框控制、滑块控制、角度控制、图层控制和颜色控制。

14.通道组

通道组效果用来控制、抽取、插入和转换一个图像的通道，通道包含各自的颜色分量（RGB）、计算颜色值（HSL）和透明值（Alpha），例如复合运算效果、设置通道效果、设置遮罩效果、最小/最大效果。

15.3D通道

3D 通道组效果，用来设置导入三维软件中制作的附加信息素材，例如提取3D通道信息作为其他特技效果的参数，有3D 通道提取、ID 遮罩、场深度、深度遮罩、雾 3D 等效果。

16.实用工具

实用工具主要调整设置素材颜色的输入、输出，有HDR 高光压缩、HDR 压缩扩展器、范围扩散、颜色配置文件转换器、应用颜色 LUT、Cineon 转换器等。

17. CINEMA 4D

通过 Cinema 4D 与 AE之间的紧密集成，可以导入和渲染 C4D 文件（R12 或更高版本）。CINEWARE 效果可直接使用 3D 场景及其元素。

18.文本组

文本组效果用来在图层的画面上产生编号、时间码效果，可以兼容早一些的版本，使用文本层也可以制作相似的效果。

19.音频组

AE主要偏重于对视频部分的合成和特效制作，此外也有部分音频处理功能。音频组效果用来为音频进行一些简单的音频处理，大多音频效果需要使用Premiere Pro或音频处理软件。

20.过时组

过时组中包括基本3D效果、基本文字效果、路径文本效果和闪光效果等，为了与 AE早期版本的项目兼容，保留了旧版类别的效果。其中基本3D效果可使用三维图层来实现，基本文字和路径文本效果可在文本层中设置实现，闪光效果可用高级闪电来替代。

11.3　效果使用的渲染顺序

效果制作中通常对同一图层添加一个以上的效果，不同的顺序也会产生不同的效果。例如这里查看一个为文字先添加"填充"，后添加"投影"的效果，如果改变效果的顺序，就变成了为文字及投影一同进行填充的效果，如图11-2所示。

图11-2 效果顺序不同结果也不同

11.4　同一结果的多效果方案

因为效果众多，制作某种效果时，往往可以使用多种效果组合方案来实现，这为效果制作带来灵活性，当一种制作方法遇到问题时，可以变换思路改用另外的制作方法来尝试。这里先建立一个文字，准备将文字制作成水平隔行抽线的效果，如图11-3所示。

图11-3 文字及目标效果

这个效果可以使用多种方法来制作，其中仅单个效果能实现的就有以下几种，如图11-4所示。

图11-4 用不同的效果来实现目标效果

11.5　为多层添加相同效果

合成制作中，常有同时为多个图层设置相同效果的情况，可以使用以下几种方式来进行：

（1）复制。即设置好其中一个图层的效果，然后将效果复制，再粘贴到其他图层。

（2）调整图层。选择菜单"图层"—"新建"—"调整图层"，或者在时间轴空白处按鼠标右键，选择弹出菜单"新建"—"调整图层"，在时间轴中建立一个调整图层，这样在调整图层上添加效果作用于其下方的所有图层。

（3）预合成。即将需要设置相同效果的图层选中，选择菜单"图层"—"预合成"，将选中的图层放置到一个新合成中，将新合成作为一个素材层使用，这样添加效果即同时作用于预合成的多个层。

11.6　实例：效果应用——老电影效果

本例将一个彩色的视频制作成早期的老电影效果，包括影片画面上的竖条、杂色、及旧胶片的偏色效果，并设置变化的画面模糊和闪动的边缘蒙版、以及较低的帧画面播放速度。实例效果如图11-5所示。

图11-5 实例效果

实例的制作在本教程光盘中有详细的文档教案与视频讲解。

11.7 小结与课后练习

本课学习After Effects CC内置效果的相关内容，先介绍菜单的选择菜单和面板，然后对内置效果进行整体的综述简介，并对比效果顺序的结果差异、同一目标效果的多种制作方法，最后介绍为多层添加相同效果的多种方法。

课 后练习说明

使用不同的视频素材，使用多种内置效果，制作与本课实例中有所区别的老电影效果或其他效果风格视频。其中尝试添加和设置多种效果，制作不同的风格画面。

Lesson

12

使用效果创建元素

学习目标：

1.简单常用的渐变背景制作方法；

2.多种颜色渐变背景图案的制作方法；

3.幕布动态背景的制作方法；

4.动态云雾效果的制作方法；

5.制作和叠加点光效果。

在导入素材的情况下，After Effects可以使用自身功能创建一些元素用于合成制作

中，学习使用一些常用元素的创建，对于很多制作都大有帮助，这也是软件制作功能强大的一方面体现。

12.1 梯度渐变

1.线性渐变背景

简洁实用的梯度渐变背景是常用的合成元素，制作方法是：选按Ctrl+Y键建立一个纯色层，再选择菜单"效果"—"生成"—"梯度渐变"，设置颜色和颜色的起点和终点位置，例如这里制作一个线性渐变，如图12-1所示。

图12-1 建立线性渐变

2.径向渐变背景

设置"梯度渐变"的"渐变形状"为"径向渐变"，可以得到从中心向四周渐变的效果，如图12-2所示。

图12-2 建立径向渐变

12.2 多色渐变

1.三色调渐变背景

先使用"梯度渐变"制作一个从顶部到底部的黑白渐变，再选择菜单"效果"—"颜色校正"—"三色调"，通过设置"高光"、"中间调"和"阴影"，得到三种颜色之间的渐变效果，如图12-3所示。

图12-3 建立三色渐变

2.五色调渐变背景

先使用"梯度渐变"制作一个从顶部到底部的黑白渐变，再选择菜单"效果"—"颜色校正"—CC Toner，通过设置从高光到阴影的五个颜色，得到五种颜色之间的渐变效果，如图12-4所示。

3.四色混合渐变背景

选择菜单"效果"—"生成"—"四色渐变"，通过设置四种颜色及其位置，得到四种颜色在画面中的混合渐变效果，其中增大"混合"属性可以对四色颜色进行更多地融合，如图12-5所示。

图12-4 建立五色渐变

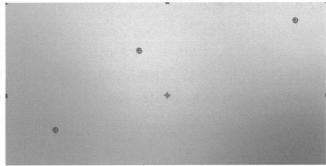

图12-5 建立混合的四色渐变

12.3　动态背景1

（1）选择菜单"效果"—"杂色和颗粒"—"分形杂色"，可以设置多种分形杂色纹理图案。例如这里设置类似拉幕布料的图案效果，通过设置"演化"来制作动态效果，如图12-6所示。

图12-6 建立幕布形状的分形杂色图案

（2）选择菜单"效果"—"颜色校正"—CC Toner，通过设置从高光到阴影的各个颜色，为灰度的分形杂色图案添加颜色，如图12-7所示。

图12-7 添加颜色

12.4　动态背景2

（1）选择菜单"效果"—"杂色和颗粒"—"分形杂色"，设置云天的灰度图案效果，通过设置"偏移"和"演化"来制作云的动态效果。打开图层的三维开关，设置"X轴旋转"属性，并调整为透视的角度，如图12-8所示。

图12-8 建立云雾形状的分形杂色图案

（2）选择菜单"效果"—"颜色校正"—"色阶"，主要调整左侧"输入黑色"的小三角形滑块，改善纹理图案的对比。

（3）再选择菜单"效果"—"颜色校正"—"色调"，设置"将黑色映射到"为天空的蓝色，这样制作好蓝天白云的动画效果，如图12-9所示。

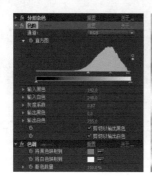

图12-9 添加颜色

12.5　点光

先建立一个黑色的纯色层，选择菜单"效果"—"生成"—"镜头光晕"，添加一个镜头光晕。

再选择菜单"效果"—"生成"—CC Light Rays，添加一个有放射光线的点光，可以使用表达式关联的方法将其点光的位置与"镜头光晕"的"光晕中心"位置保持一致，如图12-10所示。

图12-10 设置点光效果

将添加光效纯色层的图层模式设为"屏幕"方式，可以将光效叠加到其他画面上，如图12-11所示。

图12-11 叠加点光到画面

12.6　实例：使用效果创建元素——画面包装合成

本例使用本课学习的内容进行常见的一类画面合成，制作动态背景，将画面设置成画中画的形式，并在画面上再添加动态前景元素。这里分别制作背景移动条和前景移动条来合成画面。实例效果如图12-12所示。

图12-12 实例效果

实例的制作在本教程光盘中有详细的文档教案与视频讲解。

12.7　小结与课后练习

本课使用不同的效果创建多种常用的合成元素，包括两种颜色、三种颜色及多种颜色之间的渐变效果，不同的分形杂色图案效果，及用来在画面中叠加的点光效果。在实际的项目制作中，可以使用类似的形式制作出各类合成元素，参与合成制作。

课后练习说明

使用与本课实例制作中相似的形式，制作不同的背景和前景元素，对画面进行包装合成，练习效果使用的创造性，测试和了解更多的效果使用。

制作元素动态效果

学习目标:

1. 球面效果的制作方法;
2. 使用置换图来制作元素扭曲效果;
3. 为元素设置透镜变形的动画;
4. 设置画面卡片翻转的动画;
5. 为文字或Logo设置放射的方法。

After Effects中除了上一课介绍的完全使用自身功能创建元素之外,大多数情况还是针对素材设置多种效果,这里就针对一些元素设置不同的效果,制作元素动态效果,用来进一步参与合成制作。

13.1 球面效果

（1）在合成中放置一个蓝色纯色层和一个带有透明背景的白色地图图像。

（2）分别选择菜单"效果"—"透视"—CC Sphere,设置相同的半径数值,并将上层的地图图像的Render设为Outside,这样得到一个立体的地球效果,如图13-1所示。

13.2 置换扭曲效果

（1）建立一个"分形"合成,在其中建立一个分形杂色的波纹动画。

图13-1 制作球面效果

（2）将"分形"合成作为一个图层放置到一个新合成中。

（3）再建立一个文本层。

（4）选中文本层，选择菜单"效果"—"扭曲"—"置换图"，将效果下的"转换图层"选择为"分形"层，这样文字将按"置换图层"的纹理动画产生扭曲的动画，如图13-2所示。

图13-2 制作转换扭曲的效果

13.3 光学补偿变形

选中文本层，选择菜单"效果"—"扭曲"—"光学补偿"，设置其中的"视场（FOV）"关键帧从180变化到0，可以得到一个变形入画的文字动画效果，如图13-3所示。

图13-3 制作光学补偿变形效果

13.4 卡片擦除动画

（1）先建立两个合成，放置两个不同的画面。

（2）将这两个合成作为图层放置到一个新合成中。

（3）选中上面的图层，选择菜单"效果"—"过渡"—"卡片擦除"，可以使用这个效果设置卡片翻转动画，擦除上面图层过渡到下面图层，如图13-4所示。

图13-4 两个画面及其卡片擦除效果

（4）设置方法是：将效果下的"背面图层"选择为下面的图层，设置"过渡完成"的关键帧从0%变化至100%，设置行数和列数，关闭下面图层的显示，如图13-5所示。

图13-5 卡片擦除效果的设置

13.5 文字光效动画

光效是文字、Logo等常用的效果制作，这里使用"模糊和锐化"效果组下的CC Radial Fast Blur也可以制作放射光芒的效果。

（1）先建立一个文字，创建一个副本，准备将上面的文字制作成光效。

（2）选中上面的文本层，选择菜单"效果"—"模糊和锐化" —CC Radial Blur，设置Type为Straight Zoom。

（3）再选择菜单"效果"—"模糊和锐化" —CC Radial Fast Blur，设置Zoom为Brightest，这样即可得到放射的光芒效果，如图13-6所示。

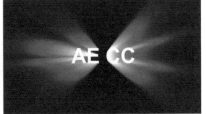

图13-6 设置模糊光效

提示

将文字放射模拟成光线效果时，在添加CC Radial Fast Blur之前先添加CC Radial Blur效果，可以得到更好的光线层次效果。

13.6　实例：制作动态元素——动态地球背景

本例利用世界地图的贴图素材，制作转动的地球元素，然后制作放射的光芒和不断发射的波形，最后建立渐变背景，合成地球、光芒和波形元素，制作地球主题的动态效果。实例效果如图13-7所示。

实例的制作在本教程光盘中有详细文档教案与视频讲解。

图13-7 实例效果

13.7　小结与课后练习

本课学习设置多种动态效果，包括为平面的地图制作旋转的地球元素，为文字设置与参考层相关的扭曲动画，为文字设置透镜变形动画，为画面设置正反面翻转动画，以及为文字或Logo设置放射光芒的效果。通过各类效果可以为元素对象设置众多精彩的效果。

课后练习说明

使用实例相似的制作形式，添加和设置多种效果，为素材设置和制作某一主题的动态效果，合成包装制作主题动态视频，练习使用多种效果处理素材的能力。

调色

学习目标：

1. 如何调整画面的亮度和对比度；

2. 偏色画面基本的校正方法；

3. 如何有选择地保留画面中的某种颜色；

4. 怎样将画面转变为黑白或某种染色效果；

5. 改变画面中某种颜色的方法。

调色效果是一类常见的画面效果处理，After Effects中有多种颜色调整效果，主要集中放置在"颜色校正"效果组下，本课从其中的基本效果开始列举部分效果，介绍颜色调整的操作方法。

14.1 亮度和对比度

1.使用亮度和对比效果

画面的亮度以及对比度是基本的调整效果，这里先选中一个较暗的夜景视频，选择菜单"效果"—"颜色校正"—"亮度和对比度"，通过调整其"亮度"来改善画面效果，如图14-1所示。

2.使用色阶效果

色阶也是常用的增加画面亮度及色彩对

图14-1 设置亮度和对比度

提示

这里在"亮度和对比度"效果中确认关闭"使用旧版（支持HDR）"选项，这样可以得到保持黑暗夜景的同时提亮窗口中的亮度，否则整个画面变成灰色。

TIPS

比的效果，这里先选中一个对比较弱的树影画面，选择菜单"效果"—"颜色校正"—"色阶"，在"效果控件"面板中调整"直方图"中"输入白色"的小三角形，增加画面的对比，如图14-2所示。

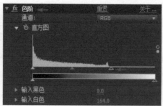

图14-2 设置色阶

14.2 偏色

偏色的校正也是常用的调色操作，这里先选中偏色的画面，选择菜单"效果"—"颜色校正"—"颜色平衡（HLS）"，可以通过简单的"色相"调整来校正原来的偏色效果，如图14-3所示。

图14-3 偏色调整

14.3 滤色

滤色，即在一个多种颜色的画面中，保留其中的某种颜色而将其他颜色减弱为灰色。这里先选中要滤色的图层，选择菜单"效果"—"颜色校正"—"保留颜色"，在"要保留的颜色"后使用吸管在画面中要保留的颜色上单击，吸取保留颜色，然后调整"脱色量"，设置"匹配颜色"的方式，这样得到滤色效果，如图14-4所示。

图14-4 使用保留颜色效果

14.4　黑白和染色

1.使用黑色和白色效果

彩色的画面可以很容易转变为黑白的画面，黑白的画面也可以进行染色制作某种色调的画面。这里先选中一个彩色画面的图层，选择菜单"效果"—"颜色校正"—"黑色和白色"，确认关闭"淡色"选项，这样得到一个黑色的画面，如图14-5所示。

图14-5 制作黑白的画面

提示

如果打开"淡色"选项，则可以根据"色调颜色"中所设置的色彩得到染色的灰度画面。

TIPS

2.使用三色调效果

也可以选择菜单"效果"—"颜色校正"—"三色调"，通过调整"中间调"来得到一个染色的画面，如图14-6所示。

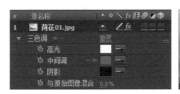  

图14-6 使用三色调设置画面染色效果

3.使用色相/饱和度效果

选择菜单"效果"—"颜色校正"—"色相/饱和度"，打开"彩色化"选项。保持一定的"着色饱和度"也可以设置染色效果，当调整"着色色相"时，可以得到不同的染色颜色，当减小"着色饱和度"为0时，则为黑白的效果，如图14-7所示。

图14-7 使用色相/饱和度设置画面染色或去色

14.5　变色

通过调色效果也可以将画面中的某种颜色改变为其他颜色，例如这里选择"效果"—"颜色校正"—"更改为颜色"，使用"自"后面的颜色吸管，在画面中单击吸取准备改变的颜色，再设置"收件人"后的颜色，即改变后的颜色，然后设置"更改"的类型，如图14-8所示。

图14-8 改变画面中的颜色

14.6　实例：调色效果——水墨画

本例将一个彩色的荷花图像转变为水墨画的效果，其中将绿色的荷叶处理成黑白的水墨效果，只保留荷花的红色，将水墨的荷花叠加到宣纸上，并在画面上添加流动的雾的效果。实例效果如图14-9所示。

实例的制作在本教程光盘中有详细的文档教案与视频讲解。

图14-9 实例效果

14.7　小结与课后练习

本课主要学习与调整画面颜色相关的效果。先了解基本的画面亮度和对比度的调整、画面偏色的调整，然后设置画面滤色效果、设置黑白和染色的画面效果、以及改变画面中的部分颜色的方法。调色的效果较多，需要从这些基本的效果学起并进一步扩散学习。

课 后练习说明

按实例制作的方法，使用不同的素材，设置和调整水墨画的效果。其中不同的素材在效果设置的属性数值上会有所不同，练习对不同素材设置相同目标效果的设置操作，达到真正掌握这类效果的制作方法。

时间与速度

学习目标:

1. 常规的快慢放设置方法;

2. 使用时间重映射设置快慢放的方法;

3. 如何制作超慢的慢放效果;

4. 时间置换效果的设置方法;

5. 制作出动态画面中时间重影的方法。

视频制作中,有很多涉及到时间与速度的内容,本课对视频素材进行快、慢放等各种方式的速度调整制作,包括无级变速的设置,超慢放的设置,以及设置时间效果制作画面内容的动作时差和重影等效果。

15.1　常规快慢放

1.伸缩栏时间设置

在时间轴的左下部单击展开伸缩窗格按钮,可以在"伸缩"栏中设置视频图层的速度比率。可以按Ctrl+Shift+D键分割图层并设置不同的速度,如图15-1所示。

2.倒放视频

选择菜单"图层"—"时间"—"时间反向图层",可以将视频倒放,也可以单击图层的"伸缩"栏,打开"时间伸缩"对话框,将"拉伸因数"设为负数,如图15-2所示。

3.定格画面

选中视频图层,选择菜单"图层"—"时间"—"冻结帧",可以将视频在当前时间冻结为静止的画面,同时,可以看到在

图5-1在伸缩栏中设置速度

图层在添加了一个"时间重映射"和一个定格关键帧，如图15-3所示。

图15-2 设置倒放

图15-3 设置定格静止画面

15.2 时间重映射变速

（1）使用"时间重映射"可以在同一图层上的不同时间位置灵活地设置不同的速度变化，包括上面的静帧效果。这里选中"下落.mov"，选择菜单"图层"—"时间"—"时间重映射"，会在图层下添加入出点具有关键帧的"时间重映射"。在第2秒和第3秒的位置，再单击添加关键帧按钮，添加两个关键帧，如图15-4所示。

图15-4 添加时间重映射和关键帧

（2）将第3秒位置的关键帧移至第10秒，这样，中间两个关键帧之间的视频慢放为2～10秒，即原来的1秒慢放为8秒，如图15-5所示。

图15-5 调整关键帧位置

（3）单击时间轴上部的"图表编辑器"按钮，在图表编辑器中查看"编辑速度图表"中显示的关键帧速度。可以看到，第1、2个关键帧之间为原始速度，第2、3个关键帧之间速度大幅降低，相应地第3、4个关键帧之间的速度加快，如图15-6所示。

（4）双击"时间重映射"名称选中全部关键帧，单击"自动贝赛尔曲线"按钮，可将原来三段均速的关键帧线段转换为渐慢和渐快的无级变速效果，如图15-7所示。

图15-6 在图表编辑状态查看速度

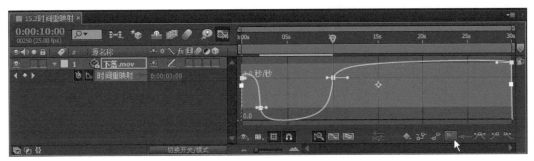

图15-7 设置无级变速

15.3 时间扭曲超慢放效果

使用普通的"伸缩"栏或"时间重映射"对明显和快速移动内容的动态视频进行慢放时，通常低于原速一半后，画面中的移动内容会出现连续的停滞抖动状态，这是由于慢放后在原视频中插入重复画面帧所引起的。而使用"时间扭曲"效果，可以改善慢放效果，其中的"像素运动"方法可以在动态画面的前后帧之间计算产生新的画面帧，消除重复画面引起的抖动。

（1）选中视频图层，选择菜单"效果"＞"时间"＞"时间扭曲"，将"方法"选择为"像素运动"，设置第1秒处为200，即速度快放为原来的两倍；设置第1秒04帧和第3秒处为25，即速度慢放为原来的1/4；设置第5秒为100，即恢复原速。

（2）按小键盘的0键预览慢放效果，虽然大幅降低了播放速度，画面仍可以较为流畅地进行播放，如图15-8所示。

图15-8 使用时间扭曲制作超慢放效果

15.4 时间置换效果

（1）先建立一个名为"渐变"的合成，使用纯色层添加"梯度渐变"效果的方法制作一个从下至上的黑白渐变，用来作为参照层。

（2）在新的合成中放置"舞蹈01.mov"视频和"渐变"层。

（3）选中"舞蹈01.mov"视频，选择菜单"效果">"时间">"时间置换"，将其"时间转换图层"选择为"渐变"层，可以制作出画面中从上至下不同时间的舞蹈动作组合成的新的视频效果，如图15-9所示。

图15-9 使用参照层设置时间转换画面效果

15.5 时间重影效果

1.使用CC Wide Time效果

选中"舞蹈01.mov"视频，选择菜单"效果">"时间">CC Wide Time，可以设置画面中动作提前和滞后连续发生的重影效果，通常可以增强舞蹈或武术等动作效果，如图15-10所示。

图15-10 设置提前和滞后的重影效果

2.使用CC Time Blend FX效果

选中"舞蹈01.mov"视频，选择菜单"效果"＞"时间"＞CC Time Blend FX，将Instance选择为Paster，可以设置画面中动作的拖尾重影效果，同样适用于增强舞蹈或武术等动作效果，如图15-11所示。

图15-11 设置拖尾重影效果

15.6　实例：时间与速度——变速碎片

本例使用一个玻璃破碎的动态视频素材，添加文字，制作文字一同破碎的变速动画效果。其中先建立文字，为文字添加"碎片"效果，使用倒放的方法制作文字与玻璃一同破碎，然后使用时间重映射制作破碎动画的快慢放无级变速。实例效果如图15-12所示。

图15-12 实例效果

实例的制作在本教程光盘中有详细的文档教案与视频讲解。

15.7　小结与课后练习

本课学习与时间与速度相关的设置操作与效果使用。分别介绍常规的设置"伸缩"的方式制作快慢放和倒放；使用时间重映射设置变速，包括定格画面和无级的变速效果；使用"时间扭曲"效果制作超慢放的效果；使用相应的时间效果制作动作时间差异、动态重影的效果。

> **课**后练习说明
>
> 使用本课实例相似的方法，使用具有动态速度的视频素材，制作变速的效果，包括快、慢放、倒放、定格或者无级变速的效果。其中在制作较低慢放的视频出现画面抖动时，就需要使用"时间扭曲"效果来完成。

跟踪摄像机与变形稳定器

1. 为抖动视频进行自动稳定的选项；
2. 设置自定义的稳定方式；
3. 3D摄像机跟踪的使用方法；
4. 为摄像机跟踪点指定坐标原点；
5. 合成摄像机跟踪元素的操作。

After Effects CS6后新增了视频自动稳定和摄像机跟踪效果，在After Effects CC中功能更有所增强，这是两个智能和实用的功能，为稳定抖动的拍摄画面和向视频画面中合成新元素带来便利。功能虽然比较高级，但操作方法却比较简捷。

16.1　自动稳定

拍摄时抖动明显的视频素材不利于制作的选用，使用"变形稳定器VFX"效果，可以自动分析拍摄时抖动的视频素材，然后对其进行稳定补偿。使用方法如下。

（1）先确定抖动视频图层的入点和出点，因为抖动分析需要花费一定的时间，所以对于较长的视频素材，尽可能使用最短的有效视频部分，设置好入点和出点。

（2）在视频图层上按鼠标右键选择菜单"变形稳定器VFX"，视图画面中将显示"在后台分析（第1步，共2步）"的提示，同时图层添加了"变形稳定器VFX"效果，并提示有分析的百分比进度。等提示"稳定（第2步，共2步）"之后，即完成抖动分析和稳定补偿处理。再次播放视频，大多数情况下可以看到画面原来明显的抖动被消除，可以正常在制作中使用，如图16-1所示。

16.2　自定义稳定

（1）选用平滑运动或无运动的稳定方式。使用默认的自动稳定效果，画面仍有部分晃动，但趋于拍摄时产生的比较自然、缓和的晃动，多数情下不影响使用，如果要得到一个非常稳定的画面，可以在"变形稳定器VFX"分析和稳定处理之后，设置"结果"由默认的"平滑运动"为"无运动"。

（2）选择稳定方法。针对视频的抖动现象，可以设置"方法"后的选项，使用仅消

图16-1 使用变形稳定器自动稳定视频

除位置移动的抖动，或者同时消除位置、角度等抖动变化。

（3）查看稳定前后的裁剪幅度比较。当将"取景"由默认的"稳定、裁剪、自动缩放"修改为"稳定、裁剪"后，可以看到因补偿抖动而剪裁的边缘，抖动的幅度越大，剪裁的边缘也较越多。当裁剪幅度过大时，需要评估对画面内容和构图的影响，如图16-2所示。

图16-2 设置变形稳定器得到不同类型的稳定效果

16.3 设置3D摄像机跟踪器属性

对于拍摄的视频素材，类似自动稳定的操作方法，可以自动分析和模拟生成视频拍摄时的摄像机信息，生成匹配视频画面的跟踪摄像机，便于向视频画面中添加匹配动态视频的新元素。使用方法如下。

（1）先确定要合成新元素的视频图层的入点和出点，因为分析计算需要花费一定的时间，所以对于较长的视频素材，尽可能使用最短的有效视频部分，设置好入点和出点。

（2）先选中视频图层，按右键选择菜单"跟踪摄像机"，视图画面中将显示"在后台分析（第1步，共2步）"的提示，同时添加"3D摄像机跟踪器"效果并提示分析的百分比进度。等提示"解析摄像机（第2步，共2步）"后，完成摄像机跟踪分析，如图16-3所示。

图16-3 添加3D摄像机跟踪器

(3)单击"3D摄像机跟踪器"效果下的"创建摄像机"按钮,可以看到在时间轴中创建了
逐帧"位置"和"方向"关键帧的"3D跟踪摄像机"层,如图16-4所示。

图16-4 创建摄像机

(4)此时,先选中"3D摄像机跟踪器"效果,在视频中显示出跟踪点,在其中某个需要放
置新元素的点上单击鼠标右键,弹出创建元素菜单,这里选择"创建文本",可以看到创建了一
个可编辑的三维文本层。预览效果,在画面中随视角的变化,文本也匹配动态的视频而一同变
化,如图16-5所示。

图16-5 在跟踪点上创建文本

16.4　设置地平面和原点

对于视频画面中的跟踪点，空间位置坐标往往差别很大，指定其中的关键跟踪位置为坐标原点，对添加元素时的位置放置非常有利，可以使用"设置地平面和原点"来指定关键的跟踪点。

（1）先选中"3D摄像机跟踪器"效果，在视频中显示出跟踪点。

（2）在准备添加元素的位置单击，当处于三个跟踪点之间时，三点将被选中并提示确定的平面。

（3）在其上按鼠标右键选择菜单"设置地平面和原点"，将三点间的平面中心设为原点，即三维空间位置为（0，0，0）。

（4）选择菜单"创建文本和摄像机"，将重新按新的空间位置建立摄像机和文本，如图16-6所示。

图16-6 在跟踪点上设置原点并创建元素

（5）对比新的摄像机和文本与前面建立的摄像机和文本，可以看出位置属性的差别。此时需要关闭或删除前面建立的摄像机和文本层。在之后的合成制作时，可以很方便地把新元素放置到原点坐标位置，如图16-7所示。

图16-7 设置原点后的元素坐标

16.5　合成追踪内容

（1）有了"3D摄像机跟踪器"和视频中的跟踪点位置，就有可能将元素合成到动态视频中了。这里在"院子.mov"层上按鼠标右键，选择菜单"跟踪摄像机"，等分析完毕后创建摄像机。

（2）选中"3D摄像机跟踪器"效果，在画面中显示出跟踪点。

（3）在不同位置选择三个构成平面的跟踪点，在其上按鼠标右键，创建实底和文本，预览视频，实底和文本将随视频内容的视角变化而一同变化，如图16-8所示。

图16-8 添加3D摄像机跟踪器并创建跟踪元素

（4）可以调整文本和实底层的大小和方向，也可以修改文本内容或者使用其他视频或图像替换实底层，这样合成这些元素到视频画面中，如图16-9所示。

图16-9 调整和查看跟踪元素动画

16.6　实例：三维摄像机跟踪——草地文字与蝴蝶

本例对一段视频素材进行3D摄像机跟踪操作，创建跟踪摄像机和文本，再使用蝴蝶的图像制作一个扇动翅膀的动态蝴蝶元素，添加到视频场景中，并在最后让蝴蝶飞到文字上停下来。实例效果如图16-10所示。

实例的制作在本教程光盘中有详细文的档教案与视频讲解。

图16-10 实例效果

16.7　小结与课后练习

　　本课先学习自动稳定和摄像机跟踪功能的使用，其中自动稳定可以一键完成抖动视频的修复，也可以通过选项设置修改不同的稳定类型。在摄像机跟踪效果中，需要在跟踪点上创建跟踪元素，或者指定跟踪点为原点坐标，方便直接添加元素进行合成。

课 后练习说明

　　使用实例素材，重新制作一个不同位置文字的跟踪动画，设置蝴蝶不同的飞行路径，合成文字、蝴蝶与视频，使其匹配视频动态的视角。其中注意在最有效的视频范围内进行摄像机跟踪设置。

17

跟踪运动

学习目标：

1. 对视频画面中的某个对象进行位置跟踪的操作；

2. 同时跟踪位置、旋转和缩放的操作；

3. 透视边角定位跟踪的操作方法；

4. 手动稳定的操作方法；

5. 处理关键帧的摇摆器、运动草图和平滑器的使用方法。

本课介绍After Effects CC中从老版本中沿续下来的跟踪与稳定功能操作。虽然有新增加的自动稳定和跟踪摄像机，但这里的操作也依然有用，是不同情况下解决制作问题的备选方案。例如，在新增加的自动功能不能解决的情况下，就可以使用这里的手动跟踪和稳定操作。

17.1　位置跟踪

（1）在合成中放置跟踪视频"汽车1.mov"层，和添加的跟踪元素"指示"图层。

（2）双击"汽车1.mov"层打开其图层视图。

（3）选择菜单"窗口"—"跟踪器"显示"跟踪器"面板。

（4）单击"跟踪运动"按钮，添加"跟踪器1"，将"跟踪类型"设为"变换"，单独勾选中"位置"。

（5）在图层视图中有跟踪线框的显示，其中大线框为搜索区域，小线框为特征区域，十字标记为产生关键帧的附加点。在第0帧时，将线框移动到画面中左车灯处，跟踪车灯。调整小线框大小，使用包括车灯的高亮及周边对比强烈的像素；再调整大线框，保证每移动一帧，车灯都在大线框内，即能够被搜索到，如图17-1所示。

图17-1 设置位置变换跟踪运动

提示

因为随着往后播放，车灯会变大，这里需要适当增大小线框。

（6）设置完毕后，单击向前分析按钮，软件自动进行跟踪分析。分析完成后，产生跟踪关键帧，如图17-2所示。

图17-2 分析产生跟踪关键帧

（7）因为当前合成中只有跟踪视频和目标元素两个图层，这里会自动将运动目标选择为"指示"层。单击"应用"按钮，将跟踪关键帧应用到"指示"层的"位置"属性。

（8）切换回合成视图，通过调整"锚点"和"缩放"来校正相对的位置和大小。预览效果，指示元素随汽车一起移动，如图17-3所示。

图17-3 应用跟踪设置

17.2　位置、旋转和缩放跟踪

以上仅跟踪画面中特征像素的移动，这里进一步跟踪多个变换属性。

（1）在新的合成中放置"汽车1.mov"和"指示"图层。

（2）双击"汽车1.mov"层打开其图层视图。

（3）确认打开"跟踪器"面板。

（4）单击"跟踪运动"按钮，添加"跟踪器1"，将"跟踪类型"设为"变换"，勾选中"位置"、"旋转"和"缩放"。

（5）在图层视图中有两个跟踪线框的显示，在第0帧时，分别调整至两个车灯位置，跟踪上部的两个车灯。

（6）单击向前分析按钮，软件自动进行跟踪分析。分析完成后，产生跟踪点关键帧，如图17-4所示。

图17-4 设置位置、旋转和缩放变换跟踪运动

（7）单击"应用"按钮，在"指示"层上添加变换属性关键帧。

（8）切换回合成视图，选中指示层，选择菜单"效果"—"扭曲"—"变换"，为图层添加一个"变换"效果。这样可以在原有图层变换属性关键帧的情况下，调整进一步的变换属性，这里调整"缩放"，设置合适的元素图像大小。预览效果，指示元素随汽车一起移动、缩放和旋转，如图17-5所示。

图17-5 应用跟踪并添加变换效果调整大小

17.3 透视边角定位跟踪

跟踪运动中还有一种常用的"透视边角定位"的跟踪类型，可以跟踪视频画面中某一区域的变换和视角变换。

（1）在新的合成中放置"相框.mov"视频和一个图像层。

（2）双击"相框.mov"层打开其图层视图。

（3）确认打开"跟踪器"面板。

（4）单击"跟踪运动"按钮，添加"跟踪器1"，将"跟踪类型"设为"透视边角定位"。

（5）在图层视图中有四个跟踪线框的显示，在第0帧时，分别调整至相框的四个内角位置。

（6）单击向前分析按钮，软件自动进行跟踪分析。分析完成后，产生跟踪点关键帧，如图17-6所示。

图17-6 设置透视边角定位跟踪运动

（7）单击"应用"按钮，在图像层上添加"边角定位"效果及其属性关键帧，同时图层变换属性下的"位置"也添加了关键帧。

（8）切换回合成视图，预览效果，图像被合成到相框内随动态的视角变化而一同变化，如图17-7所示。

图17-7 应用跟踪

17.4 稳定运动操作

前面曾使用"变形稳定器"对视频进行自动稳定，但在某些跟踪点不明显的情况下，自动稳定会失败或不正确。例如这里本来应该作为跟踪点的天地背景由于模糊，自动稳定时跟踪点转移到前景清晰的草之上，得到错误的稳定结果。此时可以使用传统的"稳定运动"来进行稳定处理。

（1）双击视频素材，打开其图层视图。

（2）确认打开"跟踪器"面板。

（3）单击"稳定运动"按钮，添加"稳定器1"，"跟踪类型"变为"稳定"，勾选"位置"、"旋转"和"缩放"。

（4）在图层视图中有两个跟踪线框的显示，在第0帧时，分别调整至画面中两个属于固定并且对比明显的区域。

（5）单击向前分析按钮，软件自动进行跟踪分析。分析完成后，产生跟踪点关键帧，如图17-8所示。

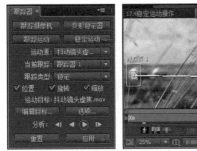

图17-8 设置稳定运动

（6）单击"应用"按钮，为素材层的变换属性添加对应的关键帧，抵消画面跟踪点的抖动。同时画面自动放大，消除位移时出现的边缘空隙。

（7）切换回合成视图，预览效果，视频画面的抖动效果得到改善，如图17-9所示。

图17-9 应用稳定运动

17.5　摇摆器、运动草图和平滑器

1.摇摆器

（1）选择菜单"窗口"—"摇摆器"，打开"摇摆器"面板的显示。

（2）选中一个图层，在合成的首尾各添加一个"位置"关键帧，制作从屏幕左侧到右侧的位移动画，如图17-10所示。

图17-10 设置图层位置动画关键帧

（3）单击"位置"属性名称将首尾关键帧选中，然后在"摇摆器"面板中设置"频率"和"数量级"，单击"应用"按钮，这样在选中的两个关键帧之间产生摇摆数值关键帧，如图17-11所示。

图17-11 使用摇摆器产生摇摆关键帧

2.动态草图

（1）选择菜单"窗口"—"动态草图"，打开"动态草图"面板的显示。

（2）先选中一个图层，然后单击"动态草图"面板中的"开始捕捉"按钮。

（3）此时光标变成十字形状，在合成视图中按下并移动，图层的"位置"属性将会跟踪鼠标的移动，产生移动轨迹关键帧，释放鼠标后停止跟踪，如图17-12所示。

图17-12 使用动态草图产生移动轨迹关键帧

3.平滑器

（1）选择菜单"窗口"—"平滑器"，打开"平滑器"面板的显示。

（2）这里先单击上面使用"动态草图"产生的关键帧的"位置"属性。将关键帧全部选中，然后在"平滑器"面板中设置"容差"数值；单击"应用"按钮，可以看到原来较多的关键帧被平滑减少，移动路径中一些变化较小的关键帧被移除，得到较为平滑的移动效果，如图17-13所示。

图17-13 使用平滑器平滑关键帧

17.6　实例：跟踪运动——手势虚拟图文动画

本例使用本课所讲的内容，利用一段手势动画的素材，为其合成字幕图形动画。其中使用了位置、旋转和缩放的运动跟踪，并制作一段文字和图形的虚拟动画，应用到跟踪结果中，合成匹配到手势动画中。实例效果如图17-14所示。

图17-14 实例效果

实例的制作在本教程光盘中有详细文档教案与视频讲解。

17.7　小结与课后练习

本课先学习视频画面中位置跟踪的操作流程，并扩展对多个变换属性和透视对象的跟踪设置。然后介绍抖动画面的跟踪和稳定操作流程。最后学习处理关键帧的几种制作方法，包括通过摇摆器产生关键帧、跟踪图层位移轨道产生关键帧、以及对过多的关键帧进行平滑处理的设置方法。

课 后练习说明

使用本课实例中手势素材，重新设置跟踪操作，制作一个不同的元素，应用跟踪效果，制作出从手势中放开、展示以及收起的动画效果。其中在跟踪分析时，可以使用从中间向前后两侧进行分析的方法，顺利完成所需部分的分析计算。

18

抠像与Roto

1. 抠像中常用的一套流程；
2. 使用Keylight抠像的主要设置方法；
3. 如何对毛发进行抠像；
4. Roto笔刷工具的使用方法；
5. 调整边缘工具的使用方法。

抠像是影视制作中的一项重要制作技术。在一些视频剪辑软件中，抠像需要具备一定的条件才能实例，例如专用的抠像背景和合理的灯光照明，然后使用色键效果进行抠像。在合成软件中，要处理的抠像内容往往不仅限于理想的具有抠像背景的素材，这就需要使用多种方法来处理不同的对象。这里分别对具有颜色背景的素材及更复杂前后景关系的素材进行抠像处理。

18.1 常用抠像流程

（1）在合成中放置蓝色天空背景的飞鸽作为抠像素材，为了清晰地查看抠像效果，这里在"合成设置"中将合成的背景颜色设为绿色。

（2）选中抠像素材，选择菜单"效果"—"过时"—"颜色键"，在效果下面的"主色"右侧选择颜色吸管工具，在天空的蓝色上单击吸取蓝色，这样抠除蓝色部分，如图18-1所示。

图18-1 添加颜色键抠像

（3）选择菜单"效果"—"键控"—"溢出抑制"，将颜色设为相同的蓝色，消除飞鸽边缘部分残留的蓝色。

（4）选择菜单"效果"—"遮罩"—"遮罩阻塞工具"，调整"几何柔和度1"，收缩飞鸽的抠像边缘，减少多余的背景像素。

（5）使用钢笔工具在抠像主体的飞鸽周围绘制蒙版，将主体之外的内容排除，这样完成抠像效果的制作，可以叠加到其他画面之上，如图18-2所示。

图18-2 添加溢出抑制、遮罩阻塞工具和蒙版

18.2　Keylight抠像

（1）在合成中放置具有绿背景的抠像素材"窗口.jpg"。为了清晰地查看抠像效果，这里在"合成设置"中将合成的背景颜色设为蓝色。

（2）选中抠像素材，选择菜单"效果"—"键控"—Keylight（1.2），在效果下使用Screen Colour右侧的吸管工具在背景上单击吸取颜色，这样抠除绿色，如图18-3所示。

图18-3 添加Keylight抠像

（3）在下层添加其他画面，可以看到当前抠像效果中，部分主体画面受抠除的颜色影响，出现半透明的问题。可以将View选择为Combined Matte或者Screen Matte，显示便于分析抠像效果的蒙版视图，其中的黑色为透明部分，白色为不透明部分，灰色为半透明状态，如图18-4所示。

图18-4 查看蒙版视图

（4）进一步调整Screen Gain和Screen Balance，将黑白分别加强。增强白色部分不透明度时，即使用减少抠像对主体的影响；增强黑色部分，即减少背景残留的颜色，使抠像部分变得更透明。最后再切换查看最终的抠像效果，如图18-5所示。

图18-5 调整抠像效果

18.3 毛发抠像

（1）选中抠像素材，使用钢笔工具围绕主体的边缘建立一个内部蒙版。

（2）选中蒙版，创建一个副本，更改为不同颜色，然后修改调整，建立一个外部蒙版，如图18-6所示。

图18-6 建立内外部蒙版

（3）选择菜单"效果"—"键控"—"内部/外部键"，设置"前景（内部）"和"背景（外部）"选项为所建立的两个蒙版，这样即可抠除背景，并得到较好的毛发边缘效果，如图18-7所示。

图18-7 添加内部/外部键抠像

提示

对于动态的视频，抠像时需要设置蒙版关键帧来进行动态的跟踪抠像。

18.4 Roto笔刷工具

Roto即Rotoscoping，是一个将真实影像作为参考进行动画创作的动画技术，为视频中的对象绘制遮罩进行动态的跟踪。在不具备颜色抠像条件时，可以使用Roto的方法来解决去除背景等合成制作。

（1）在合成中放置"毛绒玩具.mov"视频层，在第0帧时，双击"毛绒玩具.mov"打开其图层视图，在工具栏中选择"Roto笔刷工具"，按住Ctrl键和鼠标左键在视图中拖动调整笔刷为合适的大小，然后通过玩具的几个颜色区域绘制笔刷，如图18-8所示。

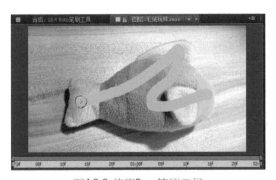

图18-8 使用Roto笔刷工具

（2）可以看到，自动检测相似区域建立遮罩，相应地在图层上添加"Roto笔刷和调整边缘"效果。此时第0帧为Roto遮罩的基帧，在此之后的20帧均受其影响，可以跟踪当前检测的遮罩，如图18-9所示。

（3）将Roto遮罩基帧默认20帧的间距调整为合成的长度，即使用鼠标在第20帧处将间距的右端拖至合成的尾部，然后预览会先进行缓存计算。

（4）时间标尺上绿色线条表明完成缓存的范围，切换回合成视图，即可得到透明背景的玩具视频，如图18-10所示。

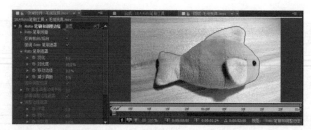

图18-9 查看检测遮罩边缘效果

图18-10 跟踪遮罩

提示

如果在预览过程中部分边缘出现遮罩跟踪不准确，可以在出现问题的时间使用"Roto笔刷工具"对遮罩进行修改，再次绘制时为添加选区，按住Alt键绘制为减去选区，同时会在新添加笔刷的时间位置建立新的基帧，用来按新的遮罩进行新的跟踪。

TIPS

18.5 18.5调整边缘工具

因为是毛绒玩具图像，仅使用"Roto笔刷工具"来处理，遮罩的边缘还显示比较生硬。这里在工具栏中将"Roto笔刷工具"切换为"调整边缘工具"，进一步改善边缘效果。

（1）双击视频图层切换到图层视图，使用"调整边缘工具"围绕玩具的边缘绘制，相对应地，在"Roto笔刷和调整边缘"效果下，"微调调整边缘遮罩"被勾选，启用"调整边缘遮罩"下的属性，如图18-11所示。

（2）切换回合成视图，预览效果，可以查看到边缘效果得到改善，如图18-12所示。

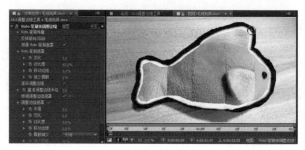

图18-11 使用调整边缘工具

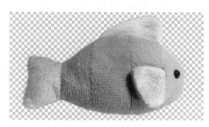

图18-12 查看边缘效果

18.6　实例：抠像与Roto——去背合成效果

　　本例对三个素材进行抠像，然后合成前景和后景。其中简单的单色背景素材使用键控效果抠像；主体与背景颜色不易区分，但主体突出的素材使用Roto笔刷工具和调整边缘工具；更复杂的素材使用手动建立蒙版去除背景的方法。实例效果如图18-13所示。

图18-13 实例效果

　　实例的制作步骤请参见本教程光盘中详细的文档教案与视频讲解。

18.7　小结与课后练习

　　本课学习多种方法的抠像操作。先介绍抠像操作过程中常涉及的几种主要和辅助的手段，包括主要的抠像效果、辅助的颜色抑制、遮罩调整、蒙版排除这样一套操作流程。然后学习功能较强的Keylight抠像效果和其典型的抠像设置，以及毛发类型的抠像操作。最后使用Roto笔刷工具和调整边缘工具处理键控效果无法完成的抠像素材。

┌───┐
│ **课** 后练习说明
│
│ 　　使用本课实例中的制作方法，为多种素材进行抠像。视抠像的难度使用包括键控效果、
│ Roto笔刷和手动建立蒙版这几种不同的方法，达到能应对各类素材抠像的制作能力。
└───┘

模拟效果

1. 制作气泡类元素的方法；
2. 制作落雨涟漪效果的方法；
3. 制作水波折射画面效果的方法；
4. 制作一种跳动粒子的方法；
5. 雨、雪、星空的制作方法。

合成制作不仅制作一些虚拟的效果，也有很多时候进行模拟制作，例如在虚拟的场景中添加仿真元素，增加场景效果，或者完全在实拍的视频中合成以假乱真的元素，制作非常真实的视觉效果。这里将制作多种模拟的元素效果，使用的效果主要集中在"模拟"效果组。

19.1　泡沫

使用"泡沫"效果很容易制作出气泡动画。

（1）先建立一个纯色层。

（2）选中纯色层，选择菜单"效果"—"模拟"—"泡沫"，将效果下的"视图"选择为"已渲染"，预览时，可以看到发射气泡的效果。

（3）将纯色层设置为"相加"的图层模式，可以将气泡叠加到其他画面上，如图19-1所示。

图19-1制作气泡效果

19.2 涟漪

（1）选中一个视频或图像层，选择菜单"效果"—"扭曲"—"波纹"，将画面设置为有波纹荡漾的水面效果。

（2）选择菜单"效果"—"模拟"—CC Drizzle，这样可以在波纹水面的基础上添加细雨落到水面产生的涟漪效果，如图19-2所示。

图19-2 制作落雨涟漪效果

19.3 水波

（1）先在"波形 合成1"中建立一个纯色层，并选择菜单"效果"—"模拟"—"波形环境"，将效果下的"视图"选择为"高度地图"，如图19-3所示。

（2）在"底 合成1"中建立一个棋盘格效果的底层和一个文本层，如图19-4所示。

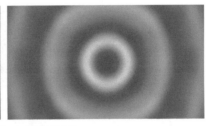

图19-3 制作动态波形图案

图19-4 制作背景图文

（3）在新的合成中放置"波形 合成1"和"底 合成1"，关闭其图层显示，用来作为参考层。

（4）建立纯色层，并选择菜单"效果"—"模拟"—"焦散"，并在效果下设置"底部"为"底 合成1"层，设置"水面"为"波形 合成1"层。这样，可以制作出水里的图像效果，如图19-5所示。

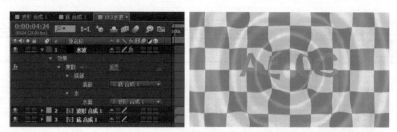

图19-5 设置水中的图文效果

19.4　粒子

使用"粒子运动场"效果可以制作发射的粒子效果。这里使用文字代替粒子，制作发射数字的动画效果，并将数字阻挡在一个空间中。

（1）建立一个纯色层。

（2）选中纯色层，选择菜单"效果"—"模拟"—"粒子运动场"，单击效果右侧的"选项"，在打开的对话框中再单击"编辑发射文字"，再次弹出"编辑发射文字"对话框，在其中输入10个数字，并设置字体，如图19-6所示。

图19-6 设置粒子数字

（3）设置"每秒粒子数"第24帧为10，第1秒为0，即前1秒时长内发射10个数字后停止发射。

（4）添加一个气泡的图层，设置为"屏幕"图层模式，选中纯色层按气泡图像的大小和位置绘制一个圆形的"蒙版1"，将"粒子运动场"下"墙"的"边界"设为"蒙版1"，这样即可得到一个在气泡中跳动的数字动画，如图19-7所示。

图19-7 设置气泡中的粒子数字动画

19.5　雨、雪、星空等

在"模拟"组中的效果可以制作多种模拟雨、雪、星空等效果。

1.下雨效果

建立一个纯色层，选择菜单"效果"—"模拟"—CC Rainfall，生成下雨的效果。将纯色层设置为"相加"图层模式，可以将下雨效果叠加到其他画面上，如图**19-8**所示。

图19-8 制作下雨效果

2.下雪效果

建立一个纯色层，选择菜单"效果"—"模拟"—CC Snowfall，生成下雪的效果。将纯色层设置为"相加"图层模式，可以将下雪效果叠加到其他画面上，如图**19-9**所示。

图19-9 制作下雪效果

3.星空效果

（1）建立一个白色的纯色层，选择菜单"效果"—"模拟"—CC Star Burst，生成星空的效果，如图**19-10**所示。

图19-10 生成星空效果

（2）在此基础上可以添加"发光"效果产生辉光，或者添加CC Radial Fast Blur效果产生放射光线，如图19-11所示。

图19-11 设置星空的辉光和放射光线效果

19.6　实例：模拟效果——风雨雷电

本例没有使用素材，而是在软件中制作云雾、闪电、下雨效果及文字动画，合成最终的场景效果。其中使用了模拟效果组中的高级闪电、CC Rainfall、CC Particle World制作闪电、下雨和云雾的效果。实例效果如图19-12所示。

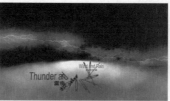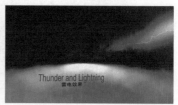

图19-12 实例效果

实例的制作步骤请参见本教程光盘中的详细文档教案与视频讲解。

19.7 小结与课后练习

本课学习使用"模拟"组效果建立各种元素和效果的制作方法，包括气泡、落雨涟漪、水波折射、粒子数字、下雨、下雪等的制作。其中一些效果添加上后，可以很简单快速地制作出相应的效果，另一些例如粒子等效果，则需要进行复杂的设置操作。

课 后练习说明

本课实例中模拟制作了乌云、闪电、下雨等效果，练习设计不同的场景和元素，合成模拟效果制作的元素。

20

预设、脚本与插件

学习目标：

1. 如何使用变化选项；
2. 如何保存和应用动画预设；
3. 脚本的使用方法；
4. 如何安装和使用效果插件；
5. 效果丢失提示及表达式提示的处理方法。

本课学习效果的一些扩展使用和问题处理。After Effects CC中，可以使用变化选项和动画预设来辅助属性或效果的动画设置，可以使用编写的脚本来扩展实现软件更多的功能。丰富多彩的外挂插件则是After Effects CC的一个突出优势，帮助After Effects CC完成众多的效果制作。另外，使用效果插件的项目在未安装插件的系统下运行时，或者中文版本打开某些英文版表达式时项目时，将出现相关提示，本课将分别进行介绍和设置操作。

20.1 使用变化选项

（1）在时间轴上部有一个"变化"按钮，可以直观地展示设置中多种可能性的效果，供选择使用。使用方法是：先选中属性或者效果，再单击"变化"按钮，打开"变化"效果选择窗口，从中选中合适的效果设置。例如这里选中图层下的"三色调"效果，如图20-1所示。

图20-1 为效果使用变化选项

（2）在打开的"变化"效果选择窗口中，显示出多种设置可能性的效果，如果均不满意，还可以单击"变化"按钮，继续展示其他不同的效果。鼠标指针移至合适的效果上时会显示相应的按钮，单击"应用于合成"按钮，即可使用当前效果的设置，如图20-2所示。

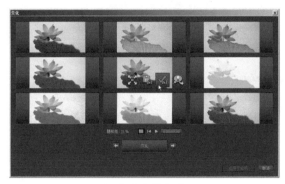

图20-2 变化选择窗口

20.2 使用动画预设

通常对于一个复杂的效果制作，需要添加一个或多个效果，进行反复的调整测试才能得到合适的效果，当再次制作相同的效果时，可以复制这些效果。而使用动画设置则可以将效果设置保存到预设文件中，可以在以后的制作中随时调用。

1.保存动画预设

（1）这里先为视频添加多个效果制作老电影的调色效果，如图20-3所示。

图20-3 调色效果设置

（2）选中这些设置好的效果，选择菜单"动画">"保存动画预设"，这里在After Effects CC\Support Files\Presets下新建一个文件夹，如"我的效果预设"，然后在其下保存当前预设为"老电影调色效果组.ffx"。

2.应用动画预设

选中新的素材层，选择菜单"动画">"将动画预设应用于"，打开选择预设文件的对话框，从中选择"老电影调色效果组.ffx"并单击"打开"按钮，即可将制作老电影调色的效果组添加到新素材上，如图20-4所示。

图20-4 保存和应用预设

提示

也可以在"效果和预设"面板中的"动画预设"下选择这个预设添加到素材图层上。或者选择菜单"动画">"浏览预设"来选择预设。

20.3　使用脚本

After Effects CC中的脚本，是有针对性地、预先编好一系列命令程序，用来执行一系列操作。使用脚本来自动执行重复性任务、执行复杂计算，甚至使用一些没有通过图形用户界面直接使用的功能。After Effects CC脚本使用 Adobe ExtendScript 语言，该语言是 JavaScript 的一种扩展形式，类似于Adobe ActionScript。ExtendScript 文件具有jsx 或jsxbin 文件扩展名。

1.脚本存放文件夹

当 After Effects 启动时，将从"脚本"文件夹加载脚本，"脚本"文件夹默认位于Adobe After Effects CC\Support Files\Scripts文件夹下。After Effects CC自带的几个脚本将自动地安装在Scripts文件夹中。脚本也可以使用自定义的其他文件夹下，应用时需要从指定文件夹中去打开脚本文件。

2.运行脚本文件

（1）这里在合成中建立一个纯色层。选中纯色层，选择菜单"文件">"脚本">"运行脚本文件"，打开选择脚本文件的对话框，在其中选择准备的Create3DBox.jsx脚本文件，单击"打开"按钮，将弹出Create 3D Box对话框，在其中设置将要创建的三维立方盒的宽度等设置，单击Create按钮，如图20-5所示。

图20-5 选中纯色层运行脚本文件并设置脚本对话框

（2）这样在合成中会根据脚本自动建立一个三维的立方盒，查看时间轴中相应地创建了多个三维图层，如图20-6所示。

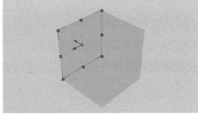

图20-6 使用脚本建立立方体

20.4 使用效果插件

1.插件的使用

After Effects CC中有众多的内置效果，同时还有更多的外挂效果插件用来扩展效果制作。外挂插件需要另外购买和安装。插件安装好之后，在效果下新增对应的插件效果组，插件效果像内置效果一样，选择添加到图层上进行设置使用。例如常见的Trapcode效果组，包括Shine和Starglow等效果。这里在星空效果的基础上添加Starglow效果，可以将单调的亮点制作成多彩的星光，如图20-7所示。

图20-7 添加星光插件效果

2.插件的安装文件夹

外挂插件效果通常需要使用其安装文件来进行安装之后，才能调用。也有一些外挂插件效果是使用复制插件文件到指定文件夹的方法来调用。After Effects CC的外挂插件效果放在以下文件夹中：

Adobe\Adobe After Effects CC\Support Files\Plug-ins

对于一些Adobe多软件共同的外挂插件，例如After Effects CC与Premiere CC共用的部分插件，放在Adobe\Common\Plug-ins\7.0\MediaCore文件夹下。

20.5 效果问题处理

当打开已有的After Effects CC项目文件时，有时会出现缺少素材、字体、效果及表达式等提示。对于项目面板中缺少链接的素材，可以在其上按鼠标右键选择"替换素材">"文件"（快捷键为Ctrl+H键）来重新定位和选中文件；对于缺少的字体，可以进行安装或使用其他字体代替。对于缺失的效果和表达式出错，以下进行相应的处理。

1.缺失效果

（1）打开一个有外挂插件的项目时，因为当前系统没有安装这个插件，会提示丢失效果。此时需要安装这个效果，然后在下次打开时提示即可消除，如图20-8所示。

图20-8 丢失效果提示

（2）在打开项目文件后，还可以选择菜单"文件">"整理工程（文件）">"查找缺失的效果"，这样也可以显示出缺少的合成。打开合成，按E键显示图层的效果，将可以看到显示有"缺失"的效果。或者按FF键（快速按两次F键）显示缺失的效果，如图20-9所示。

图20-9 查找和查看缺失效果

> **提示**
>
> 当提示丢失效果后，要视这个效果在当前项目中的重要性，如果是辅助的、可有可无的效果就可以忽视，在合成中将效果关闭或删除即可。此外就是寻求用其他效果或制作方法进行替代，否则就需要安装这个效果。

2.表达式出错

（1）After Effects CC首次推出中文版本，当安装中文版之后，表达式控制效果中的英文也相应地中文化，例如"滑块控制"效果下的"**Slider**"由英文改变为中文的"**滑块**"。这样在使用中文版After Effects CC打开英文版的项目文件时，这个名称改变将不能自动识别而报错，出来对应的提示，如图20-10所示。

图20-10 中文版打开英文版项目时的表达式出错提示

（2）解决方法是检查合成中关闭的表达式，根据提示的在出错的表达式语句行中，修改对应的属性描述即可，例如这里将"Slider"和"滑块"两个名词修改一致即可，如图20-11所示。

图20-11 修改表达式中对应的属性名称

（3）如果有大量的表达式，一时难以逐一改正，还可以使用转变After Effects CC中文版为英文版的方式来打开和使用，确保表达式的正常使用。在Adobe\Adobe After Effects CC\Support Files\zdictionaries文件夹将after_effects_zh-Hans.dat文件重命名，例如添加括号，再次启动After Effects CC时将转变为英文版。恢复after_effects_zh-Hans.dat文件名则回到中文版，如图20-12所示。

图20-12 修改文件名切换中英文版

（4）相反，对于使用After Effects CC中文版制作项目中的表达式，在英文版中打开也会出现中英文名词不识别的提示问题，如图20-13所示。

图20-13 英文版打开中文版项目时的表达式出错提示

（5）用相同的方法修改表达式中的名词保持一致即可，如图20-14所示。

图20-14 修改表达式中对应的属性名称

20.6 实例：外挂插件——海上字幕

本例使用插件Red Giant Psunami来制作海洋效果，使用插件Video Copilot Optical Flares制作光效，并合成文字，制作一个大片字幕的效果。先建立三组文字，然后使用插件效果建立海面场景效果，将文字合成到海水中，以及海面上，并设置海面光效。如果没有安装插件，请使用所准备的效果替代素材，学习其中的合成操作。实例效果如图20-15所示。

图20-15 实例效果

实例的制作步骤请参见本教程光盘中的详细文档教案与视频讲解。

20.7 小结与课后练习

本课分别学习变化选项的使用方法、保存和应用动画预设、使用脚本制作、安装和使用插件，最后对效果丢失提示和中英文项目中表达式出错提示进行对应的处理。其中外挂插件部分根据实际制作需要来选择使用，在初步学习软件过程中，优先学习合成基础和内置效果将更有意义。

> **课后练习说明**
>
> 外挂插件是很多精彩效果制作的有效解决手段，查找一些外挂的效果插件，了解其效果和实用性，并安装和使用插件制作精彩效果。

20.8　精彩实例扩展练习

　　After Effects CC是一个操作性很强的应用软件，在学习完本书的内容之后，为了熟练掌握
After Effects CC，还需要从多方面入手，通过大量的实例操作来提高自己的制作水平。随书光盘
中还提供了以下一些实例的项目文件，通过分析和模仿制作，可加强After Effects CC的制作使用
技巧。

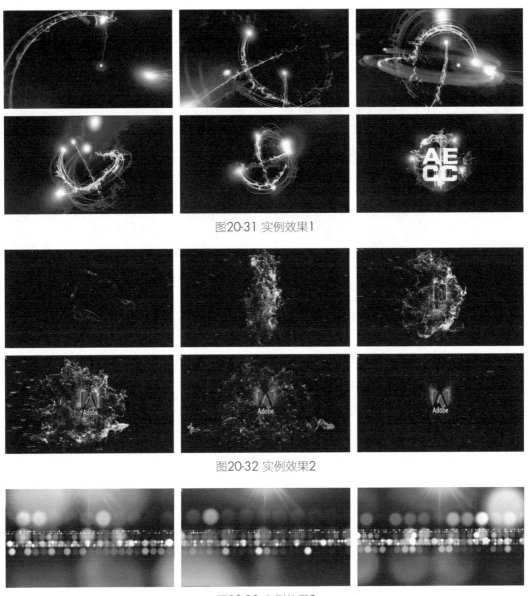

图20-31 实例效果1

图20-32 实例效果2

图20-33 实例效果3

图20-34 实例效果4

图20-35 实例效果5

After Effects 快捷键

快捷键在实际制作工作中非常重要，以下精选出常用部分，读者还可以根据掌握情况或重要性进行进一步的标注。

操作内容	快捷键	标注
1.常规快捷键		
全选	Ctrl+A	
全部取消选择	F2或Ctrl+Shift+A	
复制选中的图层、蒙版、效果、文本选择器、动画制作工具、操控网格、形状、渲染项目、输出模块或者合成	Ctrl+D	
退出	Ctrl+Q	
撤消	Ctrl+Z	
重做	Ctrl+Shift+Z	
2.项目快捷键		
打开项目	Ctrl+O	
在"项目"面板中查找	Ctrl+F	
循环切换项目的色位深度	按住Alt键并单击"项目"面板底部的位深度按钮	
打开"项目设置"对话框	单击"项目"面板底部的位深度按钮	
3.首选项快捷键		
打开"首选项"对话框	Ctrl+Alt+;（分号）	

恢复默认的首选项设置	启动After Effects时按住Ctrl+Alt+Shift	
4.面板、查看器、工作区以及窗口快捷键		
为选中的图层打开或关闭"效果控件"面板	F3或Ctrl+Shift+T	
关闭活动浏览器或活动面板（首先关闭内容）	Ctrl+W	
最大化或恢复鼠标指针所指的面板	`（重音记号）	
调整应用程序窗口或浮动窗口的大小以适应屏幕。（再次按下可调整窗口的大小以便内容填满屏幕。）	Ctrl+\（反斜线）	
将应用程序窗口或浮动窗口移动至主显示器；调整窗口的大小以适应屏幕。（再次按下可调整窗口的大小以便内容填满屏幕。）	Ctrl+Alt+\（反斜线）	
对当前合成切换"合成"面板与"时间轴"面板之间的激活状态	\（反斜线）	
在"合成"面板中激活多视图布局中的某个视图而不影响图层选择	用中间鼠标按钮单击	
5.激活工具快捷键		
循环切换工具	按住Alt键并单击"工具"面板中的工具按钮	
激活"选择"工具	V	
激活"抓手"工具	H	
暂时激活"抓手"工具	按住空格键或中间鼠标按钮。	
激活"放大"工具	Z	
激活"缩小"工具	Alt（当"放大"工具处于活动状态时）	
激活旋转工具	W	
激活并且循环切换"摄像机"工具（统一摄像机、轨道摄像机、跟踪 XY 摄像机和跟踪 Z 摄像机）	C	
激活"向后平移"工具	Y	
激活并循环切换蒙版和形状工具（矩形、圆角矩形、椭圆、多边形、星形）	Q	
激活并循环切换钢笔工具和蒙版羽化工具（CS6、CC版本）	G	
当选中钢笔工具时暂时激活选择工具	Ctrl	

当选中选择工具且指针置于某条路径上时暂时激活钢笔工具（当指针置于一个片段上时激活添加顶点工具；当指针置于顶点上时激活转换顶点工具）	Ctrl+Alt	
暂时将选择工具转换为形状复制工具	Alt（在形状图层中）	
暂时将选择工具转换为直接选择工具	Ctrl（在形状图层中）	
6.合成和工作区快捷键		
新建合成	Ctrl+N	
为选中的合成打开"合成设置"对话框	Ctrl+K	
将工作区的开始或结束设置为当前时间	B或N	
为活动合成打开合成微型流程图 注：CC版本之前为Shift键。	按 Tab	
7.时间导航快捷键		
转到时间标尺中的上一个或下一个可见项目（关键帧、图层标记、工作区开始或结束） 注：如果在"图层"面板中查看"旋转画笔"，则可转至"旋转画笔"跨距的开始、结束或基本帧。	J或K	
转到合成、图层或素材项目的开始	Home或Ctrl+Alt+向左箭头	
转到合成、图层或素材项目的结束	End或Ctrl+Alt+向右箭头	
前进 1 个帧	Page Down或Ctrl+向右箭头	
前进 10 个帧	Shift+Page Down 或 Ctrl+Shift+向右箭头	
后退 1 个帧	Page Up或Ctrl+向左箭头	
后退 10 个帧	Shift+Page Up或Ctrl+Shift+向左箭头	
转到图层入点	I	
转到图层出点	O	
滚动到"时间轴"面板中的当前时间	D	
8.预览快捷键		
启动或停止标准预览	空格键	
RAM预览	数字小键盘上的0	
具有替代设置的RAM预览	Shift+数字小键盘上的0	
保存RAM预览	按住Ctrl键单击RAM预览按钮，或者按Ctrl+数字小键盘上的0	

保存具有替代设置的RAM预览	按住 Ctrl+Shift 单击 RAM 预览按钮，或者按 Ctrl+Shift+数字小键盘上的 0	
从当前时间仅预览音频	数字小键盘上的 .（小数点）	
在工作区中仅预览音频	Alt+数字小键盘上的 .（小数点）	
手动预览（擦除）视频	拖动或按住Alt键拖动当前时间指示器，具体取决于"实时更新"设置	
手动预览（擦除）音频	按住Ctrl键拖动当前时间指示器	
"替代RAM预览"首选项指定的RAM预览帧数（默认为5）	Alt+数字小键盘上的 0	
在视频预览设备上显示当前帧	/（在数字小键盘上）	
在仅桌面和视频预览设备之间切换"输出设备"首选项	Ctrl+/（在数字小键盘上）	
拍摄快照	Shift+F5、Shift+F6、Shift+F7或Shift+F8	
在活动浏览器中显示快照	F5、F6、F7或F8	
清理快照	Ctrl+Shift+F5、Ctrl+Shift+F6、Ctrl+Shift+F7 或 Ctrl+Shift+F8	
9.视图快捷键		
在"合成"面板中将视图重置为 100% 并将合成在面板中居中	双击"抓手"工具	
在"合成"、"图层"或"素材"面板中放大	主键盘上的 .（句点）	
在"合成"、"图层"或"素材"面板中缩小	,（逗号）	
放大时间	主键盘上的 =（等号）	
缩小时间	主键盘上的 −（连字符）	
将"时间轴"面板放大到单帧单元（再次按下可缩小以显示整个合成持续时间。）	;（分号）	
缩小"时间轴"面板以显示整个合成持续时间（再次按下可重新放大到"时间导航器"指定的持续时间。）	Shift+;（分号）	
挂起图像更新	Caps Lock	
显示或隐藏安全区域	'（撇号）	

显示或隐藏网格	Ctrl+'（撇号）	
显示或隐藏对称网格	Alt+'（撇号）	
显示或隐藏标尺	Ctrl+R	
显示或隐藏参考线	Ctrl+;（分号）	
10.素材快捷键		
导入一个文件或图像序列	Ctrl+I	
导入多个文件或图像序列	Ctrl+Alt+I	
在 After Effects"素材"面板中打开影片	按住 Alt 键并双击	
将所选项目添加到最近激活的合成中	Ctrl+/（在主键盘上）	
将选定图层的所选源素材替换为在"项目"面板中选中的素材项目	Ctrl+Alt+/（在主键盘上）	
替换选定图层的源	按住 Alt 键并将素材项目从"项目"面板拖动到选定图层上	
为所选素材项目打开"解释素材"对话框	Ctrl+Alt+G	
记住素材解释	Ctrl+Alt+C	
在与所选素材项目关联的应用程序中编辑所选素材项目（"编辑原稿"）	Ctrl+E	
替换所选的素材项目	Ctrl+H	
11.效果和动画预设快捷键		
从选定图层中删除所有效果	Ctrl+Shift+E	
将最近应用的效果应用于选定图层	Ctrl+Alt+Shift+E	
将最近应用的动画预设应用于选定图层	Ctrl+Alt+Shift+F	
12.图层快捷键		
新建纯色图层	Ctrl+Y	
选择堆积顺序中的下一个图层	Ctrl+向下箭头	
选择堆积顺序中的上一个图层	Alt+向上箭头	
取消选择全部图层	Ctrl+Shift+A	
将最高的选定图层滚动到"时间轴"面板顶部	X	
显示或隐藏"父级"列	Shift+F4	
显示或隐藏"图层开关"和"模式"列	F4	
关闭所有其他独奏开关	按住Alt键并单击独奏开关	
为所选的纯色、光、摄像机、空或调整图层打开设置对话框	Ctrl+Shift+Y	

在当前时间粘贴图层	Ctrl+Alt+V	
拆分选定图层（如果没有选中任何图层，则拆分所有图层。）	Ctrl+Shift+D	
预合成选定图层	Ctrl+Shift+C	
为选定图层打开"效果控件"面板	Ctrl+Shift+T	
在"图层"面板中打开图层（在"合成"面板中为预合成图层打开源合成）	双击图层	
在"素材"面板中打开图层的源（在"图层"面板中打开预合成图层）	按住Alt键并双击图层	
按时间反转选定图层	Ctrl+Alt+R	
为选定图层启用时间重映射	Ctrl+Alt+T	
将选定图层的入点或出点移动到当前时间	[（左括号）或]（右括号）	
将选定图层的入点或出点修剪到当前时间	Alt+[或 Alt+]	
为属性添加或移除表达式	按住 Alt 键并单击秒表	
13.在时间轴面板中显示属性和组快捷键		
在"时间轴"面板中查找	Ctrl+F	
切换选定图层的展开状态（展开可显示所有属性）	Ctrl+`（重音记号）	
切换属性组和所有子属性组的展开状态（展开可显示所有属性）	按住 Ctrl键并单击属性组名称左侧的三角形	
仅显示"锚点"属性（对于光和摄像机、目标点）	A	
仅显示"音频电平"属性	L	
仅显示"蒙版羽化"属性	F	
仅显示"蒙版路径"属性	M	
仅显示"蒙版不透明度"属性	TT	
仅显示"不透明度"属性（对于光、强度）	T	
仅显示"位置"属性	P	
仅显示"旋转"和"方向"属性	R	
仅显示"缩放"属性	S	
仅显示"时间重映射"属性	RR	
仅显示缺失效果的实例	FF	
仅显示"效果"属性组	E	
仅显示蒙版属性组	MM	
仅显示"材质选项"属性组	AA	

仅显示表达式	EE	
仅显示已修改属性	UU	
仅显示绘画笔触、Roto笔刷笔触和操控点	PP	
仅显示音频波形	LL	
仅显示具有关键帧或表达式的属性	U	
仅显示所选的属性和组	SS	
隐藏属性或组	按住 Alt+Shift 并单击属性或组名	
向显示的属性或组集中添加或从中移除属性或组	Shift+属性或组快捷键	
在当前时间添加或移除关键帧	Alt+Shift+属性快捷键	
14.修改图层属性快捷键		
按默认增量修改属性值	拖动属性值	
按 10 倍默认增量修改属性值	按住 Shift 键并拖动属性值	
按 1/10 默认增量修改属性值	按住 Ctrl 键并拖动属性值	
在视图中将选定的图层居中（修改"位置"属性可将选定图层的锚点置于当前视图的中心）	Ctrl+Home	
以当前放大率将选定图层移动 1 个像素（"位置"）	箭头键	
以当前放大率将选定图层移动 10 个像素（"位置"）	Shift+箭头键	
以 45° 增量修改旋转角度或方向	按住 Shift 键并使用旋转工具拖动	
修改比例，受素材帧的长宽比约束	按住 Shift 键并使用选择工具拖动图层手柄	
将旋转角度重置为 0°	双击旋转工具	
将比例重置为 100%	双击选择工具	
缩放并重新定位选定图层以适应合成	Ctrl+Alt+F	
缩放并重新定位选定图层以适应合成宽度，保留每个图层的图像长宽比	Ctrl+Alt+Shift+H	
缩放并重新定位选定图层以适应合成高度，保留每个图层的图像长宽比	Ctrl+Alt+Shift+G	
22.标记快捷键		
在当前时间设置标记（在 RAM 预览和仅音频预览期间生效）	数字小键盘上的 *（乘号）	
移除标记	按住 Ctrl 键并单击标记	

24.保存、导出和渲染快捷键		
保存项目	Ctrl+S	
将活动合成或所选项目添加到渲染队列	Ctrl+M	
将当前帧添加到渲染队列	Ctrl+Alt+S	